见识城邦

更新知识地图　拓展认知边界

Die Errettung des Schönen

Byung-Chul Han

美的救赎

[德]韩炳哲 著   关玉红 译

中信出版集团｜北京

图书在版编目（CIP）数据

美的救赎 / （德）韩炳哲著；关玉红译 . -- 北京：
中信出版社，2019.10（2025.8 重印）

ISBN 978-7-5217-1056-4

Ⅰ.①美… Ⅱ.①韩…②关… Ⅲ.①美学史—研究
—西方国家 Ⅳ.① B83-095

中国版本图书馆 CIP 数据核字 (2019) 第 208889 号

Die Errettung des Schönen by Byung-Chul Han
Copyright © S. Fischer Verlag GmbH, Frankfurt am Main, 2015
Simplified Chinese translation copyright © 2019 by CITIC Press Corporation
ALL RIGHTS RESERVED

美的救赎

著　　者：[德]韩炳哲
译　　者：关玉红
出版发行：中信出版集团股份有限公司
　　　　　（北京市朝阳区东三环北路 27 号嘉铭中心　邮编　100020）
承 印 者：北京通州皇家印刷厂

开　　本：787mm×1092mm　1/32　　印　　张：4　　　字　　数：80 千字
版　　次：2019 年 10 月第 1 版　　　印　　次：2025 年 8 月第 11 次印刷
京权图字：01-2019-2330
书　　号：ISBN 978-7-5217-1056-4
定　　价：35.00 元

目　录

论平滑

平滑（das Glatte）是当今时代的标签。它可以将杰夫・昆斯（Jeff Koons）[1] 的雕塑品、苹果手机以及巴西热蜡脱毛联系在一起。今天，我们为什么会认为平滑是种美呢？除去美学效果，平滑反映出一种普遍的社会要求，它是当今积极社会（Positivgesellschaft）的缩影。平滑不会造成什么伤害，也不会带来任何阻力。它要求的是"点赞"。平滑之物消除了自己的对立面。一切否定性（Negativität）都被清除。

智能手机也遵循了平滑的审美原则。LG 公司出

1　美国当代最知名的波普艺术家之一，代表作有《气球狗》。——译者注（本书脚注均为译者注）

品的 G Flex 型号手机甚至采用了一种具有自愈功能的外壳，它可以使任何一种划痕，或者说任何一种伤痕转瞬消失。这种近乎无损的外壳，让手机一直保持平滑。此外，这款手机还具有灵活性及柔韧性，可以轻松向内弯折。这样，它既可以与面部很好地贴合，也可以舒适地放在屁股兜中。这种"顺从"和"不违抗"皆是平滑美学的基本特性。

平滑并不局限于数码机器的外观。通过数码机器实现的交际也显示出平滑性。人们彼此交流的主要是赏心悦目的事情，即积极的事情。分享和点赞是使交际变得平滑的手段。否定性因为阻碍了交际的速度而被摒弃。

杰夫·昆斯可谓当代最成功的艺术家，堪称平滑表面的大师。安迪·沃霍尔虽然也倡导美丽与光洁的表面，但他的艺术仍然渗透着死亡和灾难的消极。这些作品的表面并非完全平滑。例如，系列作品《死亡与灾难》(*Death and Disaster*)就是靠消极元素大获成功。相反，杰夫·昆斯的作品中则没有灾难、伤害、断裂、裂痕，连接缝都没有。一切皆柔软、平滑地过渡，一切都显得那么圆润、光洁和平滑。杰夫·昆斯的艺术旨在展现平滑的表面及其直接的效果。其艺术本身并无值得强调、释义或是反思的地方。它就是用来点赞的艺术。

杰夫·昆斯说，观看他的作品的人或许只会发出一声简单的"哇哦"。很显然，他的艺术无需评判、解读、注释、自省和思考，并且刻意保持天真、平庸、绝对放松、卸下武装、忘记忧愁的状态，没有任何深度、奥妙和内涵。他的座右铭是："拥抱欣赏作品的人。"不应有任何东西触动、伤害或吓到欣赏作品的人。正如杰夫·昆斯所说，艺术仅仅是"美""愉悦"和"交流"。

在他创作的平滑的雕塑面前，观者会产生一种想去触摸的"触觉强迫"，甚至会有舔舐作品的兴致。他的艺术中没有引起距离感的否定性。单凭平滑的积极性就引发了触觉强迫，消除了观者与作品间的距离。然而，美学评判要以存在默观距离（kontemplative Distanz）为前提，平滑艺术却消除了这种距离。

触摸或舔舐的冲动只有在平滑的空洞艺术面前才会被激发。因此，执着于强调艺术意义性（Sinn-haftigkeit）的黑格尔将艺术的感性限定于理论上的视觉和听觉。[1] 仅凭这两种感官便可令人了解意义。嗅觉和味觉则在品味艺术时被摒弃。它们只对并不属于"艺术之美"的"舒适"事物敏感："因为与嗅觉、味觉和触觉联系在一起的，是物质本身及其直接具有的感官性质。我们嗅到的是空气中物质的挥发，尝到的是物体的物质分解，感触到的是温暖、寒冷、光滑，等等。"[2] 光滑仅仅带给人舒适的感觉，这种感觉与意义尤其是深刻的意义无关。这种舒适仅限于一声"哇哦"。

罗兰·巴特（Roland Barthes）在《日常神话》（*Mythen des Alltags*）中提到了雪铁龙新款 DS 系列所

引起的触觉强迫："正如人们所知道的那样，平滑始
终是完美的特征，因为与之对立的是技术和人为加工
的痕迹：基督圣袍不是被缝合的，它通体没有接缝，
就跟科幻片中宇宙飞船那毫无瑕疵的金属外壳上找不
到焊缝一样。虽然 DS 19 老爷车并未试图拥有完全光
滑的表面，但最吸引公众的仍然是其车身各部分的连
接方式：观者热切地去触摸车窗的边框，用手划过平
坦的、以镀铬镶框连接的后车窗的橡胶接缝。DS 系
列车型引发了一种新的精密匹配现象学，人们仿佛从
焊接零件的世界过渡到了一个组件间无痕密接的世
界，组件之所以可以完美接合，是因它们具有完美的
外形。这一切都会激发人们对充满活力的自然的想象，
而材料本身又毫无疑问地、很奇妙地加强了这种轻盈
感。……此时，挡风玻璃不是窗户了，也不再是深色
贝壳上被砸破的开口，而是像肥皂泡那样微微隆起还
带有光泽的大片充满空气和空间的表面。"[3] 杰夫·昆
斯的无缝雕塑看起来也像是气体和空间组成的富有光

泽、飘飘摇摇的肥皂泡，它们像无缝的 DS 系列汽车一样，奇妙地传达出了完美感和轻盈感。它们代表了一种完美无瑕的、既没有深度也不会另有深意的最佳表面。

罗兰·巴特认为，触觉"与视觉不同，是最能消除神秘感的感官"[4]。视觉保持了距离感，而触觉却将之消除。没有了距离，神秘感就不会产生。神秘的面纱被揭开，一切都变得能够被欣赏和消费。触觉破坏了完全他者（das ganz Andere）的否定性。触觉所触及的一切都被世俗化。与视觉不同的是，触摸无法让人惊叹。所以，光滑的触摸屏也是去神秘化和被彻底用于消费的东西。它给人们带来了心仪的一切。

杰夫·昆斯的雕塑如镜子般光洁，能映出观者自己的身影。在贝耶勒基金会美术馆举办的个人作品展上，杰夫·昆斯针对作品《气球狗》（Ballon Dog）说道："《气球狗》是一件非凡的作品。它会强化观者自身的存在感。我常用反光材料创作，因为这种材料能够让观者不自主地坚定自己的自信心。在昏暗的空间里当然不会产生这种效果。然而，当人们就站在它面前时，会看到自己的镜像，从而确保自己的存在。"[5]气球狗不是特洛伊木马，它什么也没有遮掩，光洁表面的背后不隐藏任何内在性。

人们面对高度抛光的雕塑时，就像对着智能手机的屏幕一样，看到的不是别人，而是自己。杰夫·昆斯的艺术箴言是："核心是不变的：学习相信自己和自己的经历。我也会把这一点传达给观赏我作品的人。他们应该自己去感受生活的乐趣。"[6]艺术开辟了一个让自己感到自信以及确定自身存在的回音室。差异性抑或对他者与陌者（das Fremde）的否定性被完全消除。

杰夫·昆斯的艺术展现了救赎的维度。它确保能去拯救。平滑的世界是一个供人享乐，拥有绝对积极性的世界，是一个没有痛苦、不会受伤、无罪的世界。雕塑"气球维纳斯"呈现出即将分娩的姿态，她就是杰夫·昆斯的圣母玛利亚。然而，她生出的不是什么救世主，也不是遍体鳞伤、戴着耶稣荆冠的痛苦之人，而是一瓶香槟，一瓶置于她腹中的 2003 年份唐·培里侬至尊粉红香槟。杰夫·昆斯策划了这个承诺拯救世人的施洗者角色。1987 年的图片集被命名为"洗礼"并非偶然。杰夫·昆斯的艺术使得平滑被神圣化。他一手策划了这种平滑、陈腐的宗教，也就是对消费的信仰。一切否定性都应因此被消除。

在伽达默尔（Hans-Georg Gadamer）看来，否定性对艺术来说至关重要。它是艺术的伤疤，与光滑的积极性相对立。在否定中，总有什么在那儿撼动着我，挖空我的心思，让我百思不解。它在呼唤，你要改变自己的人生："这就是冥冥之中存在着的，用里尔克（Rainer Maria Rilke）的话说'人身上都曾有过'的，构成'不甘'（Mehr）的某种特殊事实，'这种情况会发生在某些人身上'。这样的事实确实存在，并且它就所有自己臆想出的感官预期（Sinnerwartung）而言都是一种无法克服的阻碍。艺术作品迫使我们承认它的存在。'在艺术面前，你一直被注视着，无处躲藏。你要改变自己的人生。'正是因为这一特殊性，才会有碰撞和被推翻，也是因为这一特殊性，我们每一次的艺术体验都会与我们产生对峙。"[7] 艺术作品会带给人撞击感，能颠覆观者。平滑则有完全不同的意向性。它温顺地迎合观者，诱使他们点赞。它只想讨人喜欢，不想推翻什么。

通过消除否定性和所有形式的震撼（Erschütter-ung）与伤害，美自身变得平滑起来。美只存在于我喜欢（Gefällt-mir）的事物中。审美化被视为麻醉。[8] 它使感觉变得迟钝。欣赏杰夫·昆斯作品时的那声"哇哦"也是一种被麻醉后的反应，这种反应与那种碰撞与被推翻带来的否定性体验完全不同。后一种美的体验在当今是不可能有的。只要喜欢、点赞跻身主流，那种只有否定性才能带来的体验就会逐渐消失。

平滑的视觉交流就如同没有任何审美距离的感染（Ansteckung）。客体的完全暴露也会破坏美感。只有出现与消失、模糊与明晰的规律性交替才能使目光保持兴奋。色情的塑造也要归功于"背景的若隐若现"[9]，一种"幻想出来的波动起伏"[10]。长时间展现暴露无遗的色情画面摧毁了幻想。所以，吊诡的是，这种什么都看得到的场景却没什么值得看的。

如今，不只是美，连丑也变得平滑。就连丑也要为了可以被消费和享受而变得平滑，失去了狰狞、可怕或恐怖带来的否定性。丑完全失去令人恐惧且生畏的、能石化一切的美杜莎之瞳。世纪末的艺术家和诗人所创作的丑有些深不可测，犹如恶魔一般。超现实主义的丑主张煽动和解放。它完全脱离了传统的感知模式。

巴塔耶在丑中发现了冲破界限、得以解放的可能性。它提供了通往超越的机会："无人质疑性行为的丑陋。就像献祭中的死亡一样，交配时的丑陋令我们陷入恐惧。然而，恐惧越大……突破界限的意识也越强烈，随之而来的便是愉悦感的爆发。"[11] 因此，性的本质就是过剩和过度。它让意识越界，其否定性也由此产生。

如今，娱乐行业充分利用丑陋、令人厌恶的事物，使其变得具有可消费性。厌恶本是一种"例外状态，是一场由自我主张（Selbstbehauptung）对阵无法同化的异类所引发的严峻危机，一场真正关于存在与毁灭的空忙与抗争"[12]。厌恶是完全无法被消费的。即便对于祷告，厌恶也有其存在的维度。它是生命的他者，也是形式（Form）的他者，是一种腐烂（das Verwesende）。尸体之所以是一种骇人听闻的现象（Erscheinung），是因为它"形"存（Form）"相"亡（formlos）。尸体尚具形骸，所以即便已经死去，依然保有生命的假象（Schein）："厌恶是（丑陋）真实的一面，是利用源于肉体腐烂或精神腐败的畸形（Unform）对现象的美好形式所进行的否定。……死尸身上徒有生命的假象，使得它被厌恶到无以复加。"[13]这种无以复加的厌恶是不能被消费的。如今在"热带雨林真人秀"节目中展现出的让人厌恶的事物，不再具有引发生存危机的否定性。节目为了符合消费模式而变得温和。

巴西热蜡脱毛使身体变得光滑。这体现了当今人们对卫生的强迫性。对巴塔耶来说，情欲本就是一种污秽。因此，卫生强迫就意味着情欲的终结。脏乱的情欲消失，"干干净净的"色情文学兴起。正是脱过毛的皮肤给肉体带来色情的光滑，而这种光滑又被感知为纯洁且正派。沉迷干净卫生的当今社会正是一种积极社会，任何形式的否定性对它而言都会引起厌恶。

这种对干净卫生的强迫性也蔓延到了其他领域。这样一来，到处都是以卫生之名发布的禁令。罗伯特·普法勒尔（Robert Pfaller）在其《肮脏的圣洁与纯洁的理性》（*Das schmutzige Heilige und die reine Vernunft*）一书中十分中肯地提出："当人们试图隐晦地去刻画那些在我们的文化中私下难以启齿的东西时，立刻会发现，这些东西经常被我们这种文化贴上遭人厌恶的标签，被认为是脏东西。"[14]

在干净卫生的理性光亮下，所有的矛盾心理、所有的秘密都被认为是种污秽。透明才是纯洁的。当事物适应了在信息与数据潮中顺滑流动时，它们就会变得透明。数据有色情与下流的特性。它们没有内在性，没有背面，也不模棱两可。就这一点，它们与无法精准对焦的语言是有区别的。数据和信息提供的是绝对的可视性，它们使一切都明晰可见。

数据主义开启了第二次启蒙运动。以自由意愿为前提的行为属于第一次启蒙运动的信条。第二次启蒙运动把行为打磨光滑，使之成为一种操作，成为一种完全不依赖主体自主性、不依赖主体所处的时空情境（Dramaturgie）而只被数据驱动的程序。当具有了可操作性，并屈从于计算与操控的程序时，行为就会变得透明。

信息是知识的一种色情形态。它没有知识所具有的内在性。知识也具有否定性，因为知识常常是在对抗阻力的过程中被获取的。知识有着截然不同的时间结构，横跨过去与未来。相反，信息存在于无关紧要的当下被刨平的时间里，是一种空洞的、没有命途的时间。

平滑是某种单纯惹人喜爱的东西。它没有对立的否定性，不再是对抗体。如今，交际也为了使人能够顺利地交换信息而变得平滑。平滑的交际中没有任何对他者与异者的否定。同者之间的（das Gleiche auf das Gleiche）相互回应，会使交流达到最高速度。来自他者的阻力会破坏同者的平滑交际。平滑的积极性加快了信息、交际与资本间的循环。

平滑的身体

在如今的商业电影中，脸部经常以特写的形式出现。这种特写镜头使人的身体完全色情化地展示出来。它剥掉了身体语言这层外衣。这种对身体实施的去语言化具有色情的性质。特写的身体部位给观众带来了看到性器官般的效果："脸部的放大特写如同近距离观察性器官般淫秽。可以说，（在特写镜头中）它就是性器官。每个画面，每种形式，每一个被近距离观察的身体部位，（在特写镜头中）都是一种性器官。"[15]

对于瓦尔特·本雅明来说，特写拍摄还是一种语言学以及诠释学的实践。特写镜头对肉体进行解读。它走到各种意识交错的空间背后，去读取潜意识的语言："电影特写镜头延伸了空间，而慢镜头动作则延伸了运动。放大与其说是单纯地对那些我们'即便能看清也说看不清'的事物的说明，毋宁说是使质料的新构造完全地得以呈现……这样一来，也就不难把对着镜头讲话的事物和对着眼睛讲话的事物，看成不同的事物了。这种差异主要是由潜意识交织的空间代替了意识交织的空间造成的。……如果我们已经对抓取打火机或勺子的动作习以为常，那么，我们就很难再想去了解在手和金属之间究竟发生了什么运动，更不要说这些运动如何随着我们所处的环境而波动了。"[16]

　　脸部特写中，背景是完全模糊的。这让我们失去了整个世界。这种特写美学映射出，社会本身已经成了一个特写社会。脸似乎被困在自身之中，成为自我参照。它不再展现这个世界，也就是说，不再有表现力。自拍照中展现的正是这种空洞的、无表现力的脸。自拍成瘾表现出自我内心的空虚。如今，自我极其缺乏可以用来进行身份识别，赋予自己固定身份的稳定表现形式。当今世界没有什么是经久不衰、永葆不变的。这种不稳定也影响着自我，使自我不稳定，惶惶不安。正是这种不安、这种对周围环境的恐惧导致了自拍成瘾，也导致了使自我无法平静下来的空忙。面对内心世界的虚空，自拍主体试图进行自我创造，然而这是徒劳的。自拍展现的是各种空虚形相的自我。自拍会让自己更加空虚。导致自拍成瘾的并非自恋或者虚荣，而是内心的空虚。那种稳定的、自恋的、会爱恋自己的"我"（Ich）并不存在。确切地说，我们面对的是一种消极的自恋。

在特写镜头中，面部被刻画成一张光滑的脸。这张脸没有深浅可言（Tiefe und Untiefe）。它就是那么平滑，没有内在性。所谓"脸"，指一个正面（*facies*）。将脸作为正面展示无需景深，否则就会破坏这一正面。如此一来，拍摄者就要将光圈全部打开，而这会消除脸的深刻性、内在性，目光无神，使整个面部变得轻佻、色情。这种极力展示面部的意向性破坏了含蓄性。然而，正是这种含蓄构成了目光的内在性："事实上他（指特写镜头中的人）并未凝视什么，他将自己的爱意和恐惧压抑在内心深处：眼神也同样如此。"[17] 这样展示出来的一张面孔是没有眼神的。

今天，肉体处于一种危机中。它不仅被分解成色情的身体部位，而且还被分解成数字化的电脑数据。当今，整个数字时代被一种信念笼罩，即生命是可以被测量和量化的。"量化自我"的运动也醉心于这种信念。肉体被安装上数字传感器，它们可以捕获所有与肉体相关的数据。"量化自我"将肉体变成了一个监控大屏幕。被收集到的数据也会被放在网络上交换。数据主义将肉体分解成数据，使其符合数据模式。另一方面，肉体也被拆分成一个个可类比为性器官的客体。透明的肉体不再是幻想的舞台，而是数据或一个个局部感官的叠加。

数字化网络将肉体联网（ver-netzen）。自动驾驶的汽车更像一个移动终端，它承载了与我连接在一起的全部信息。这使得驾驶成为单纯的操作程序。驾驶的速度与想象无关。汽车不再是充满了我们对权力、财富和征服的幻想的肉体的延伸。自动驾驶的汽车不是菲勒斯（Phallus）[1]。说我连接在菲勒斯上，是矛盾的。共享汽车也使汽车本身失去了魅力和神圣感，也让肉体不再有吸引力。共享原则并不适用于菲勒斯，因为菲勒斯恰恰是一个人财富、权力的象征。诸如连接在线或访问许可这样的共享经济破坏了人们对于权力和财富独自占有的幻想。坐在自动驾驶的汽车里，我不是活跃分子，不是造物主，也不是编剧，只是全球通信网络中的一个界面而已。

1　指男性生殖器的图腾，亦是父权的隐喻和象征。

平滑美学

美的感性学是一种近代才有的现象。只有在近代美学中，美和崇高才是割裂开来的。美被完全禁锢在其纯粹的积极性之中。在近代，逐步强大的主体赋予美积极的含义，使之成为快乐、满意的代名词。与美相对立的"崇高"因其具有否定性，在初见之时不会直接讨人喜欢。然而，崇高所具有的那种与美相区别的否定性，在回归人类理性的那一刻又被赋予了肯定性。它不是外在，不再是完全他者，而是主体的一种内在表达形式。

撰写《论崇高》（*Über das Erhabene* [*peri hypsous*]）的伪朗吉努斯（Pseudo-Longinos）尚未对美与崇高加

以区别。因此，让人倾倒与折服的否定性也是美。美远不只是感官上的快乐。正如伪朗吉努斯所说，美丽的女人是"眼睛的痛"，她们有着可以让人感到刺痛的美。令人震撼的美、崇高的美，它们都是美，而不是与美对立的矛盾。痛苦的否定性使美更为深刻。此处的美没有丝毫的平滑感。

柏拉图也认为美与崇高没有区别。美恰恰因其崇高性而无法被超越。美的内在具备崇高所怀有的特征——否定性。看到美的那一刻，我们并不会感到欢愉，而是感到震撼。在通向美的阶梯的末端，茅塞顿开的人（der Eingeweihte）"突然"看到了"无与伦比的美"（*thaumaston kalon*）[18]，"神之美"（*theion kalon*）[19]。观者不再冷静，而是陷入惊叹与惊骇之中（*ekplettontai*）。他变得"疯狂"[20]。柏拉图关于美的形而上学与近代美的感性学，即欢愉美学，形成了鲜明的对比。欢愉确证了主体的自主性和自满性，而不是使之动摇。

　　近代美的感性学一直都以平滑美学为起点。在埃德蒙·柏克（Edmund Burke）看来，美首先应该是平滑的事物。能给触觉带来快感的物体，必须是平滑无阻的。平滑即意味着没有否定性的优化表面。平滑使人完全感受不到疼痛和阻力："如果带来触觉、味觉、嗅觉和听觉快感的主要原因是平滑的话，那么它也会被认定为视觉美的基础之一——尤其是，如前文所述，平滑这一特质几乎无一例外地出现在所有被认为是美的物体上。毫无疑问，粗糙和有棱角的物体在肌肉纤维的剧烈收缩过程中会引起痛感，从而刺激和扰乱感觉器官。"[21]

　　痛苦的否定性会降低美感。就连"强壮"和"力量"也会削弱美感。美是诸如"柔软"和"纤美"的特征。若物体由"看不出粗糙，也不会迷乱双眼"的"光滑的组成部分"构成，它就算作是"纤美"的。[22] 能够唤醒爱和满足的美的物体不应该有任何阻抗。嘴唇微启，呼吸渐缓，全身都平静下来，双手漫不经心地垂于身体两侧。柏克认为，这一切都"伴随着内心的触动和柔软"[23]。

柏克盛赞平滑是美的本质特征。因此，花草树木光滑的叶子、飞禽走兽光滑的羽毛或皮毛都是美的。尤其是使女人变得美丽的光滑皮肤。任何粗糙都会破坏美感："因为如果你随便拿出一件漂亮的物品，把它的表面变得龟裂粗糙之后，它就不再惹人喜欢了。另一方面，如果，让一个物体丧失其他美的基本要素，但按人们的喜好唯独保留光滑这一种特质，那么它依然会比其他所有不光滑的东西更招人喜欢。"[24]

就连尖锐的棱角都会使美逊色："因为，事实上，每一点粗糙、每一个突起，以及每一个尖角都在很大程度上与美的理念相矛盾。"[25] 形式的变化和任何一种变换一样，虽然有助于提升美感，但是这种变化不可以太突兀。美只允许形式上温和的变化："事实上，那些（有棱角的）物体变化丰富，但是它们变化的方式太突兀。我没见过哪一种自然物体可以既有棱角，又有美感的。"[26]

就味觉而言，与平滑相对应的是甜味："在嗅觉和味觉方面，我们发现令这两种感官感到舒适的、通常被称为甜的所有事物都具有平滑的性质……"[27]追本溯源，平滑与甜美别无二致。它们都是具有绝对积极性的现象。因此，它们只能单纯地取悦他人。

埃德蒙·柏克认为美没有任何否定性。美一定会带来一种"充满肯定性的欢愉"[28]。相反，崇高是有否定性的。美是小巧精致、轻盈细腻的，光滑和平整是它的标志。崇高则庞大、沉重、黑暗、粗糙、野蛮。它会带来痛苦和惊惧。然而崇高让人心潮汹涌，美却使人昏昏欲睡，就这点而言，崇高是健康的。有了这种意义的崇高，柏克得以将痛苦和惊惧的否定性打造成一种积极性，使之焕然一新、振奋人心。这样一来，崇高就完全在为主体服务，从而失去了他者性（Andersheit）和陌异性（Fremdheit），完全由主体占据："如果在任何情况下痛苦和惊惧都得以如此缓解，以至于不会直接造成伤害；如果痛苦无法像当初那样撕心裂肺，惊惧面前也没有人被直接吓倒；那么，这些情感激荡就能够带来喜悦——因为情感激荡使我们身体的某些部位里外外、完完全全地不再感受到威胁和痛苦的滋扰。这种喜悦并非简单的愉悦，而是一种快乐的惊惧，一种带着奇怪的恐怖滋味的宁静。"[29]

康德同柏克一样，将美限定在积极性的范畴内。这种美会产生积极的享受，但它又远超享受美味所带来的低级满足，因为康德把美归于认知过程。认知的产生，既需要想象力，也需要理解力。想象力是将观察后所得的多种感官数据组合成统一图像的能力。理解力在概括抽象的层面上则更高一筹，它把图像抽象成为概念。因为美，认知力，即想象力和理解力，才会存在于自由游戏中——一种和谐的相互作用中。注视美的时候，认知力就会发挥作用，但是这个时候它尚未开始形成认知。在美的面前，认知力还处于游戏模式。然而，这种自由的游戏并非完全自由散漫、漫

无目的，它是作为认知前奏（Vorspiel）的一项工作
（Arbeit）。此后，认知力的游戏还将继续。美以游戏
为前提，形成于认知这项工作之前。

　　主体喜欢美，因为美促进了认知力之间和谐互
动。美的感觉无异于"对各项认知能力协调一致"以
及"认知力营造出的和谐氛围的渴望"，这种渴望对
于认知工作不可或缺。康德认为，游戏最终还是从属
于工作，即"事业"（Geschäft）。美本身虽然不能形
成认知，却滋养了认知的本能。看到美，主体也会自
我愉悦。美是一种自我意淫（autoerotisch）。它不是
客观存在，而是主观感受。美不是令主体为之着迷的
他者。从美中获得的满足是主体对自身的满足。阿多
诺在他的美学理论中强调了康德美学的自我意淫性：
"不顾他者，只遵从主体规律性的程式，不被他者动
摇，保持着自己的愉悦和满足：主体性在其中不知不
觉地享受着自我，享受着自我掌控的感觉。"[30]

　　与美不同，崇高不能带来直接的快感。柏克认为，

面对崇高，我们的第一感觉就是痛苦或者不悦。它太强劲且过于庞大，令想象力无从理解，无法将其提炼成图像。因此，主体会被崇高震惊、压制。崇高的消极性正体现于此。在看到一种浩大的自然现象时，主体首先感受到的是眩晕。但是依靠"那种完全不同的自我捍卫力量"，主体会重新恢复常态。主体会躲进理性的内在空间，那里秉持无限性的思想。在无限性的面前，"自然界的一切都是渺小的"。

即使是这种浩大的自然现象也不会使主体被惊撼，因为理性高于自然。有了崇高，对死亡的恐惧、"对生命力的克制"都将只存片刻。回归理性的内在性，即回归理性思想，让这些恐惧、压抑重新转变成愉悦感："被风暴激怒的浩瀚海洋不能被称为崇高，其景象太过骇人；人们必须让某些思想充斥内心之后，这些思想所形成的观念才能被调制成一种感受。内心受到一种激励，要脱离感官性，专注更合目的性的思想。通过这一过程形成的感受本身就是崇高的。"[31]

有了崇高的加持，主体会觉得自己超越了自然，因为崇高的本义就是蕴含于理性之中的无限性思想。这种崇高被错误地投射到客体之上，在这里是投射到自然之上。康德把这种混淆称为"偷换"。崇高与美一样，不是客观存在，而是主观感觉，一种意淫中的自我感觉。

崇高带来的快乐（das Wohlgefallen am Erhabenen）是"消极"的，"美带来的快乐（das Wohlgefallen am Schönen）却是积极的"。美能够直接取悦主体，因此爱美也是带有积极性的。在面对崇高时，主体首先感知到的却是不悦。因此，崇高带来的快乐是带有消极性的。崇高的消极性不在于主体面对崇高时会遭遇自身的他者（das Andere seiner selbst），不在于主体要被迫脱离自我转投他者，不在于主体会失去自我控制。崇高之中不存在使主体自我意淫落空的他者的否定性。无论面对美，还是面对崇高，主体都不会丧失自我控制。它始终保持自身的本来状态（bei sich selbst）。摒弃崇高的完全他者于康德而言是恶劣、怪异抑或莫名其妙的。摒弃崇高会是一场灾难。这种观念在康德美学中毫无立锥之地。

不管是美还是崇高，都无法对主体的他者加以展现，二者都已被主体的内在性吸纳吞并。只有在意淫着的主体性的对面重新设置一个空间，他美（andere Schönheit），确切地说是他者之美（Schönheit des Anderen），才能重新得以回归。试图把美作为消费文化滋生出的病菌置于普遍怀疑之下，并充分利用后现代的方式以崇高来抗击美的做法是无益的。[32] 美与崇高同根同源。与其将美与崇高对立起来，倒不如将不会进行内化、不会进行去主体化的崇高性重新赋予美，不再对美与崇高加以区别。

数字化之美

康德的主体始终保持自身本来的状态。它永远不会消失，也不曾完尽。自我意淫的内在性保护它免受他者或外界的侵入。没有什么可以使其动摇。阿多诺却看到了另一种精神，这种精神在崇高面前认清了自我的完全他者的本性。它使主体脱离自身的囚牢："康德希望，这种精神在自然面前，相较于对自身优越性的认识，能更多地认识自身的自然性。这一刻让崇高面前的主体激动到哭泣。对自然的追忆削减了想要自我设定的执念（Trotz）：'泪水涌了出来，大地再次拥抱了我。'此时，自我在精神上从自身的囚牢中走了出来。"[33] 泪水打破了主体"给自然设定的禁咒"[34]。

主体流着泪脱离了自我。对于阿多诺来说，真正的审美经验并不是主体能够享受重识自我的满足，而是主体对其有限性感到的震撼或领悟："震撼与通常的体验截然相反，它不是局部的自我满足，与欢愉也不相似。它更像是自我因意识到自身局限性和有限性而受到震撼后，对自我即将消亡的警告。"[35]

"自然美"并不是那些可以直接讨人喜爱的东西。它指的不是美丽的自然风景："当你处于自然风景中，一句'多美啊'会破坏其无声之言，使其美感受到削减。显现的自然想要的是你的沉默无言……如果自然本身不愿被人看到，那么人们越是深度地观察自然，感知到的自然美就会越少。"[36] 自然美是向盲目而无意识的感知开放的。作为"尚未存在者的代码"（Chiffre des noch nicht Seienden）[37]，自然美表达的是"一种'言有尽而意无穷'，而不是那些实际存在的事物"[38]。阿多诺谈及"面对自然美的羞愧"之所以发人深省，是因为"人们在存在者中捕捉自然美，从

而伤害了尚未存在者"[39]。自然的尊严是指"尚未存
在者的尊严，它用自己的表达方式拒绝被有目的性
的人格化"。它拒绝被利用。所以，自然美完全不会
被用来消费和"交流"。这种交流只会导致"精神
去适应实用性"，"精神通过这种适应被归入商品的
范畴"[40]。

　　自然美不会带来始终具有意淫性质的纯粹满足
感。只有借助痛苦才可以理解自然美。痛苦使主体摆
脱自我意淫的内在性，是预示完全他者的即将来临的
裂隙："面对美时所产生的痛苦，当属体验自然时来
得最为真切，这种痛苦也是一种对其所预示之美的渴
望。"[41]对自然美的渴望最终也是对另一种存在状态
和另一种完全不同的、非暴力的生存形式的渴望。

　　自然美与数字化之美是对立的。数字化之美排除
了他者的否定性。因此，它非常平滑，不会有裂隙。
其标志是不加任何否定的满足，即我喜欢。数字化之
美营造了一个相同者的平滑空间，这里不可以存在陌

异性与相异性。没有任何外在性（Exteriorität），完全存在于内在空间是它的表现模式。就连自然，也被数字化之美变成一扇通不到外面的窗户。存在的绝对数字化使得绝对人格化，即绝对主体性得以实现，人的主体在这一人格化过程中只会与自己相遇。

自然美的时间性是未然的已然（Schon des Noch-Nicht）。它的身影显现在即将发生的事物所具有的那种乌托邦似的天际线上。相反，数字美的时间性是没有未来也没有过往的当下。它就在眼前。自然美蕴含一种遥远，它"在最趋于切近的时刻将自己隐藏起来"[42]。自然美的奥若蒂克式的（auratisch）遥远使其失去消费性："自然美是不受限定的，它拒绝被定义，因此就像音乐一样……就像音乐中那瞬间即逝的美一样，自然中闪现出的美，在人们试图捕捉到它之前就消失了。"[43] 自然美和艺术美并不对立。艺术其实模仿了"自然美的本身"，即"自然语言的不可言说性"[44]。艺术以此拯救了自然美。艺术美是"对沉默的模仿，这是自然对外倾诉的唯一途径"[45]。

自然美被证明是"留在普遍同一性束缚下的事物身上的非同一性痕迹"[46]。数字化之美消除了非同一性的所有否定性。它只允许可消费的，可被利用的差异存在。相异性被多样性取代。数字化世界似乎是一个人们用自己的视网膜就能将其尽收眼底的世界。这个被人为联网的世界将导致永久的自我镜像（Selbstbespiegelung）的形成。网络编织得越密，这个世界就会越彻底地保护自己不受他者和外界的影响。数字化的视网膜将世界变成显示器和控制屏。在这样一个自我意淫的视觉空间里，在这样一个数字化的内在性中，人们不再能感受到任何惊讶，人们只能在自己身上寻找感兴趣的东西。

遮蔽美学

美是一种遮蔽。对美来说，遮蔽性是基本特征。透明与美是格格不入的。透明的美是一种矛盾的表述。美必定是一种现形（Schein），其中蕴含着不透明性。不透明也意味着被遮挡。将遮盖物拿掉，则会使美尽失魅力而被摧毁。因此，就美的本质而言，它的面纱是不能被揭开的。

色情作品作为无遮掩、无秘密的赤身裸体则是美的对立物。其理想的展示场所是橱窗："没有什么照片比色情照片更雷同的了。它总是那么简单，无目的，没有算计。色情照片就像一个只陈列一件被射灯照射着的珠宝的橱窗，虚饰之下，完全被凸显的只有一件东西——性具，从来没有第二件物品，没有第二件不合时宜的东西来遮挡一下，延迟或分散一下注意力。"[47] 遮挡、延迟和分散注意力也是美的时空策略。半遮挡的方式产生了诱人的光芒。美是在犹抱琵琶半遮面中显现的。注意力的分散使得美不被直接触及。这对情色（Erotik）至关重要。色情图像是不会让人分心的。它直截了当地进入正题。分散注意力的手法将色情作品变成情色摄影："这是一个对比试验。梅普勒索普（Robert Mapplethorpe）通过近距离拍摄内裤布料，把他的性具特写从色情（das Pornographische）变成了情色（das Erotische）：这张照片不再是千篇一律的，因为我对布料的纹理很感兴趣。"[48] 摄影师故意分散人们对主要事物（Sache）的注意力。他把次要事物（Nebensache）变成主要事物抑或使次要事物从属于主要事物。美也是在主要事物之外、次要事物之中显现的。美的主要事物并不存在。

正如本雅明所说，歌德的诗学专注于"被彩色玻璃折射后的光所遮蔽的内在空间"。这层遮盖美的外壳一次又一次地触动着歌德,"那是他奋力争取理解美的地方"[49]。本雅明这样引用歌德的《浮士德》:"紧紧抓住你手里所剩的一切!绝不能松开衣服!妖魔们已经拉住衣角,很想把它抢到地府去。紧紧抓住!它虽不再是你失去的女神,却仍然神圣。"神圣的恰恰是这件衣服。遮蔽对美至关重要。这样,美就不会被曝光抑或揭露。美的本质正是这不可揭露性。

　　在外壳之下、被遮蔽、被隐藏的事物是美的。美的事物也只有被遮挡才会保持它的美。揭开这个外壳,事物就会变得"极其不显眼"。美的存在(Schön-Sein)从根本上讲是遮蔽的存在(Verhüllt-Sein)。因此,本雅明呼吁艺术批评要运用诠释学解释艺术的遮蔽性:"艺术批评并不是要揭开事物的外壳,而是要通过对事物外壳的观察,达到对外壳最确切的认识,进而获得对美的真正见解。这种见解,是所谓'移情'永远无法企及的,即便是那种天真质朴的、更为纯粹的观察也无法一览无余：这是一种将美视为秘密的见解。真正的艺术作品从未被理解，因为它无处不让人感觉其身上藏着秘密。之前所说的以外壳作为美的基础的事物也同样如此。"[50] 美既无法通过直接的移情得以传达，也无法通过质朴的观察得以呈现。这两种做法都试图揭开外壳或者透过外壳去观察内在。只有将外壳作为对象来认识，才能窥见作为秘密的美的内涵。首先，人们必须专注外壳才能认清被遮蔽的事物。相比于被遮蔽的事物来说，外壳更加重要。

遮蔽性也让文字充满情色。圣奥古斯丁认为，上帝故意用隐喻，用"人物化的外衣"[51] 来遮盖《圣经》，欲将《圣经》变成欲望的客体。隐喻的漂亮外衣使圣经的文字变得性感。因此，这件外衣是圣经的基础，也就是美的基础。遮掩的技术使注释学成为一种情色学。它最大限度地增加了人们对阅读文本的情欲，使阅读成为一种性爱行为（Liebesakt）。

《托拉》(*Thora*) 也使用了遮蔽技术。它以一个

躲躲藏藏的情人的形象示人，只会将其容貌片刻展露
给她那同样处于隐匿之中的爱人。阅读变成一种情
色冒险："不言而喻，《托拉》让一句话走出它的神
龛，它现身片刻后便立刻将自己隐藏起来。此后，也
许它在哪里会再现这个过程，但也只为那些能认出它
并且熟悉它的人这么做。因为《托拉》就像一个美丽
而成熟的情人，藏在她宫殿里一个隐蔽的房间。她只
有一个处于隐蔽之中且无人知晓的情人。出于对她的
爱，这位情人一次又一次地徘徊于爱人的家门前，四
处张望（寻找爱人）。她知道自己的情人总是在门前
徘徊。她是怎么做的呢？她将自己藏身的房间打开一
个小缝，将面容暴露给爱人片刻，然后立刻又藏了起
来。"[52]《托拉》既是"开放的，又是隐蔽的"，她"通
过一层薄薄的象征话语的面纱来说话"[53]。她向自己
的爱人讲述"所有隐藏的秘密和长久以来隐藏在内心
深处的每一段经历"[54]。

　　信息基本上是不能被隐蔽的。它们本质上是透明

的。它们就是用来展示的。因此信息拒绝任何隐喻，也不需要任何隐藏的外衣。它们的表达方式直截了当。同时，它们也区别于知识，因为知识可能会退隐于秘密中。信息遵循的是完全不同的原则。它们的目标是揭露，直陈最终的真相。就其性质而言，它们具有色情性。

对巴特来说，遮蔽本质上属于情色的范畴。肉体"最性感的地方"在"衣服裂开"之处，"两件衣物（裤子和衬衫）之间，两条边线（敞露一半的衬衫、手套或袖口）之间若隐若现的肌肤"[55]。"时隐时现的编排"（Inszenierung）透露着情色。[56] 裂隙、断裂和缺口造就了情色。文字带来的情欲快感不同于一层层去掉遮挡的"脱衣舞所带来的快感"。以揭露并力求真相为最终目的的通俗小说也具有色情性："所有的兴奋都沉湎于想要看到性具（所有中学生的梦想）或了解故事结局的欲望之中（浪漫幻想的满足）。"[57] 情色不需要真相。它是一种假象，一种面纱下的现象。

诱惑玩的把戏是"让自身成为他者永远的秘密，我永远无法知晓这秘密，却被这秘密的封印所吸引"[58]。诱惑包含了一种"距离感"，也就是对于遮蔽的感受。[59]爱情的亲密关系消除了隐蔽的距离，而这种距离恰恰是诱惑的根本。淫秽事物最终会完全使诱惑不复存在："从一种形式向另一种形式走得越远——从诱惑到爱，从欲望到性爱，再到直截了当的色情，人们就会越用力地向没有什么秘密和谜团的方向走去，并趋向承认、表达和揭露……"[60]被暴露的不仅是身体，还有灵魂。灵魂色情是诱惑的最后终点，它是游戏，而不是真理。

创伤美学

罗兰·巴特想到了一种创伤情色论（Erotik der Verletzung）："我没有皮肤（除非那是为了接受爱抚）。谈到爱情——戏仿《斐德罗篇》中的苏格拉底——就不要提什么鸿衣羽裳了，恋人只能是无皮汉。"[61] 无皮情色建立在极端被动的基础之上。去皮者的暴露性甚至超越了去衣者的暴露性。这种暴露意味着痛苦与创伤："无皮，引起情人特殊的敏感，令情人容易受到伤害，遭受最微不足道却深入骨髓的创伤。"

今天的积极社会渐渐消除了创伤的消极性。爱情的创伤性也同样被逐渐消除。任何会带来创伤的高成本投入都会被避免。色情精力就像投资一样，被分散在许多客体上，以避免全损。感知也逐渐避开消极性。点赞是感知必须完成的任务。"看"（Sehen）强调的意指是用不同的方式去看，也就是体验。若不遭遇创伤，人们就无法用不同的方式去看。"看"的前提是易伤性，否则人们的眼前就会重复出现相同的事物。敏感性即易伤性。可以说，创伤是"看"得以见到真相的时刻。没有创伤就没有真相，也就不会有对真的感知（Wahrnehmen）。由相同事物组成的地狱中是不存在真理的。

里尔克在《布里格手记》（Die Aufzeichnung des Malte Laurids Brigge）中将"看"描述成创伤。"看"使自己完全遭遇侵入自我未知区域的事物。学习"看"并不是一件积极、自觉的事情，确切地说，学习"看"是听凭发生（Geschehen-lassen）抑或遭遇发生："我学习看。我不知道为什么会这样，一切都深入我的内心，没有停留在以往的终点。我有一个自己不知道的内心。现在一切都朝那里奔去。我不知道那里会发生什么。"

被震撼以及被攫住之存在所具有的否定，即创伤的否定性，是"体验"的必要组成部分。体验就如同乘船渡河，在此过程中人们必然会遭遇危险："刺猬，它蒙蔽了自己的双眼。……当它在高速公路上觉察到危险时，会让自己遭遇这场事故……没有一首诗不描写意外，没有一首诗不把自己像一道伤口一样豁开，也没有一首诗是不伤人的。"[62] 没有创伤就不会有诗学和艺术。就连思想也是被创伤的否定性所激发的。没有痛苦与创伤，相同、熟悉以及习惯的事物便会继续周而复始地出现："体验……本质上就是痛苦。在这种痛苦中，存在者的异在（Anderssein）与习以为常者（das Gewohnte）之间的对立得以揭示。"[63]

巴特关于摄影的理论也发展出了一套创伤美学。他对摄影的两个要素进行了区分。第一个要素被称为研点（*studium*）。它是一片辽阔无比的信息场域，"漫不经心的欲望、漫无目的的兴趣以及无稽的嗜好：我

喜欢 / 我不喜欢，我赞 / 我不赞"[64]。观者安逸舒适地浏览并愉快地围绕研点场域进行畅谈，就像享受悦目的实景一样欣赏着摄影作品。研点属于喜欢（to like），而不是爱（to love）的范畴。"喜欢"缺乏强烈感和震撼感。

摄影被编上了文化的密码。[65] 研点就是循着密码想去破译它，这个过程中有着或多或少的趣味，但乐趣的多与少，"绝不是出于我的喜好或厌恶"[66]。它不会激发激情、热情，也不会激发爱意。研点带动的只是半吊子欲望、半吊子意愿，引导它的是"变化莫测、浮泛肤浅和不带责任的兴趣"。

摄影的第二个要素为刺点（punctum）。它使观者惊讶、悲伤、错愕："这次，我不是那个探寻者（相反，研点场域被我赋予了主权意识），刺点就像箭一样从事物的关联中射出，将我刺穿。"它会突然抓住我所有的注意力。承载刺点的素材"简练而活跃，如跳跃前将身体蜷缩起来的猛兽"[67]。刺点是一种眼神，一种猛兽的眼神，注视着我，质疑着我眼中的自信。它看穿了能带来所谓视觉盛宴的摄影技术。

刺点让照片产生一个视觉盲区，即盲域（Blindes Feld）。蕴含刺点的摄影其实就是一种隐藏。情色与诱惑力都存在其中："我认为，是盲域的存在（原动力）对情色与色情照片进行了区分。……在色情照片中我找不到刺点，这种照片充其量只能逗我乐（紧随而来的却是腻烦）。"[68] 情色照片是一种"被干扰、有裂隙"的图片。[69] 相反，色情照片既不会显示断裂，也没有裂隙。它是平滑的。今天，所有的图片或多或少都具有淫秽性。它们是透明的，不会显示视觉盲区，没有隐喻。

关于刺点，还有另外一个角度，那就是它从根本上来说是非透明的。它让人对其无以名状，也无法表征。它既不能被转变为信息，也无法被理解成知识："我能叫出名字的，都不能刺到我，而那种无以名状一定是内心不安的标志。"[70] 刺点在我对自己感到陌生的地方探寻着我。它的恐怖之处也在于此：
"它的威力已然存在，而我却无法定位它，它无状无
名；它很有穿透力，能钻进我之为我的一个不确定
的区域。"[71]

单向（einförmig）的照片没有刺点，它们是只具
有研点的事物。刺点虽然具有创伤的否定性，但它和
惊愕依然不同："新闻照片通常都是单向的（单向的
照片并不一定都是平和的）。在这些照片中都不存在
刺点，存在的或许是惊愕——真实事件会使人遭受精
神创伤——却不是内心的恻切；照片会'嘶喊'，但
不会伤人。"[72] 与惊愕不同，刺点不会喊叫。它喜欢
沉默不语，保守秘密。尽管无声，它却表现出了一种
可以伤人的状态。当所有的意义、意图、观点、评价、
判断、背景、姿势、手势、代码以及信息都消失，显
现出来的就是那个静止的、唱着歌的作为余留之物的
刺点，它会让人痛切。刺点是无法陈述的具有抵抗性
的余留之物，它具有无须通过意义和重要性来传递的

直接性和实体性，是质料、情绪、潜意识，是与象征
物对立的真实。

电影图像因其时间性而没有刺点："在大屏幕前，
我不许自己闭眼，否则当我再次睁开眼睛的时候，看
到的就不是同一个图像了，我不得不变得贪婪。这个
过程里还有大量其他的特征，却不包括思考，因此我
感兴趣的是摄影照片。"[73] 荧幕上的贪婪消费让人无
法闭眼。刺点需要以视觉禁欲（Askese des Sehens）
为前提。刺点中蕴含着音乐性的东西。这种音乐只
有当人闭上双眼，"努力追求宁静的时候"[74] 才会响
起。这份宁静使图片摆脱了交际中"普遍存在的聒
噪"。闭上双眼意味着"让沉默中的图片说话"[75]。
巴特在此引用了卡夫卡的话："人们为事物拍照，是
为了将其从意识中驱赶出来。我的故事就是一种闭
眼。"[76] 刺点不被直接感知。它在闭眼时无限延展的
想象空间里慢慢成熟。刺点传达着事物间的秘密信息。
刺点的语言是幻想的梦境日记（Traumprotokoll der

Imagination)。

随着速度的加快，直接呈现的现时性渐渐成了全部，它消除了所有隐藏的东西。一切都要立刻跃然呈现。刺点不会立刻展现出来，而是要在之后的回忆中现身："刺点尽管很清晰，但是只有在已经看不到照片之后，人们又一次回想起它的时候，刺点才会偶尔显现，这一点并没有什么令人感到惊讶的。有可能会发生这样的情况，和我眼前的照片相比，我对回想起来的记忆中的照片更加熟悉……我意识到，刺点无论多么直接、深刻，在一定的延迟后都可以被追踪到（从来不需要凭借任何精确的调查）。"[77]

对数码照片的感知是一种感染、情动（Affektion），是一种图像与眼睛之间的直接接触。其中存在着色情性。这种感知没有任何审美距离。作为感染的感知不允许闭眼。巴特提出的研点—刺点这对概念是为了拓展情动点（affectum）这一概念。图像和眼睛之间的直接接触只允许产生情动点。数字化媒介是一种情动媒介。情动的形成要快于感觉和话语，它加快了交际的速度。情动点没有那份耐心等待研点出现，也没有那份敏感去发现刺点。它缺乏雄辩的沉默，缺乏构成刺点的此时无声胜有声。情动点喊叫着，刺激着。然而，它只会制造直接讨人喜欢的，令人瞠目结舌、哑口无言的刺激和诱惑。

灾难美学

康德的《实践理性批判》中有一句名言，这句话也被写在他的墓碑上："有两种东西，我对它们的思考越是深沉和持久，它们在我心灵中唤起的惊奇和敬畏就会日新月异、不断增长，这就是我头上的星空和心中的道德法则。"[78] 道德法则是存在于理性之中的。即便星空也不是展露在外，或者说在主体之外的。星空在理性的内在中无限延展。从字面看，灾难的意思是灾星（Unstern, *des-astrum*）。在康德的星空里是没有灾星的。

康德不识灾难。即使是强劲的自然现象也不代表它属于灾难性的事件。面对自然的力量，主体诉诸自己理性的内在性，因为内在性会让外在的一切显得渺小。康德对试图摆脱主体自淫内在性的外在（Draußen）永远具有免疫力。康德思想的定言令式是，把一切都引入主体的内部。

黑格尔认为，艺术的任务是："将可见外表上每一点所显现的形象都变成眼睛"，"人们从这眼睛里就可以看出居于内在无限性中的自由灵魂"[79]。理想的艺术作品是千眼巨人阿格斯（Argus），是明亮、充满生命力的空间："抑或如柏拉图向阿斯特（Aster）大喊的那著名的诗句：'若你望着群星，我是其中一颗，那我愿变作天空，好得千万只眼睛来望着你！'就是这样，艺术把它塑造的每一个形象都化成千眼的阿格斯，这样在每一个点上都能窥见内在的灵魂和灵性。"[80]精神本身就是照亮一切的千眼巨人阿格斯。黑格尔的天空有成千上万只眼睛，就像康德那夜晚的星空，不受灾星和外在的搅扰。黑格尔的"精神"和康德的"理性"都是对灾难、对外在、对完全他者的咒语。

作为灾星，灾难闯入"星空"。它是"绝对的异质"[81]，是打开精神内在性的外在："我并没有说灾难是绝对的。相反，它使绝对者失去方向、来来去去，就像游牧般无规可循，无论如何它都具有外在性那种不易察觉却难掩急促的突发性。"[82]灾难代表了另一种警醒，与黑格尔所说的千眼阿格斯不同："当我说，灾难醒着，我并不是想给'醒'配个主体，而是想说：在星空下无需警醒。"[83]灾难意味着"从星星的照管中解脱出来"[84]。

对于布朗肖（Maurice Blanchot）来说，空洞的天空作为星空的对立物，代表了他童年的原初场景。这空洞的天空向布朗肖显露了完全他者的特应性（Atopie），一种无法内在化的外在的特应性，它的美与崇高会让孩子充满"毁灭性的喜悦"："天空突然而绝对的空洞……使孩子们感到如此高兴和喜悦，以至于一时间双眼满含泪水……"[85]孩子被空洞的天空的无限性迷住了。被从内在中拉扯出来的孩子，被打破界限并掏空，进入一个特应性的外面。事实证明，灾难是一种幸福。

灾难美学与快乐美学是完全对立的。在快乐美学中，主体是在自我享受的。灾难美学是事件美学。具有灾难性的可能是不起眼的一个事件，雨滴溅起一层白色尘埃，黎明时分一场无声落雪，酷暑中岩石上飘来一股清芬，一个将自我掏空，让自我失去内在、失去主体性，却因此而让自我感到快乐的空洞事件。这些事件是美的，因为它们剥夺了自我拥有的一切。灾难意味着紧紧抓住自我的自淫主体的死亡。

在波德莱尔的诗集《恶之花》中，有一首诗叫《献给美的颂歌》(Hymne à la Beauté)。美降自星辰 (desastres)，波德莱尔用灾难 (désastres) 与星辰押韵。美是一种使星星混乱无序的灾难。美是让飞蛾朝其飞去并使之焚身其中的火炬 (Flambeau)。诗中，火炬与坟墓 (tombeau) 是押韵的。美 (beau) 被镶嵌进火炬和坟墓两个词中。灾难、致命之物的消极性是美的瞬间。

里尔克《杜伊诺哀歌》(*Duineser Elegien*)的第一首写道，美无非是"可怕之物的开端，我们尚可承受"。可怕之物的消极性形成了基质(Matrix)，它是美的深层。美是尚能承受的不可承受之物抑或变得可以承受的不可承受之物。它像伞一样遮蔽我们免受可怕之物的影响。但同时，可怕之物也会穿透美这把保护伞。这就是美的矛盾之所在。美不是图像，而是一把伞。

阿多诺也认为，可怕之物的消极性是美的基础。美赋予无形之物、无差异之物以形："以美学为基础正在成形中的精神(der ästhetisch formende Geist)只允许它做与自己相似的、自己所理解的抑或能让自己与之齐肩的事。这是形式化的一种过程。"美通过设定形式，即差异，使自己远离无形、可怕之物，远离同一性整体："作为同一性以及差异性的美的形象，是随着从对自然的压倒一切的整体性和不可分性的恐惧中解放出来而产生的。"然而，美的假象并不能完全镇住可怕之物。"对直接存在者（das unmittelbar Seiende）的密封"，即对无形之物的密封一直都存在裂缝。[86]"直接存在者就像城墙外已包围城市的敌人，在外部筑起工事，使城内弹尽粮绝而投降。"[87]

美的显像是脆弱和濒危的。它一步一步地受到他者，受到可怕之物的干扰："经过还原（Reduktion），可怕之物身上也会有美。美源于可怕之物又高于可怕之物，可怕之物将美拉下庙堂。在可怕之物面前，这个还原的过程稍显弱势。"美与可怕之间的关系是矛盾的。美并不是简单地排斥可怕之物，它不会去诋毁可怕之物。相反，这正在成形的精神需要这种无形之物，即自己的敌人，以免其僵化成死一般的显相。正在成形的理智依靠的是拟态，它对无形、可怕之物进行模仿。精神中存在着具有模仿性的"被征服欲"[88]，这种被征服无异于可怕之物。美就居于灾难与萎靡之

间、可怕之物与游魂之间、他者闯入与僵化成同一之
间。阿多诺的自然美思想恰恰与显相所具有的僵化的
同一性背道而驰。自然美证明了事物的非同一性："自
然美是处在普遍同一性束缚下的事物中显露出的非同
一性的痕迹。只要这种束缚存在，就没有什么非同一
性事物是积极的。因此，自然美注定是分散和不确定
的，超出了一切人的内在。"[89]

　　断裂的否定性是美的根本。因此，阿多诺谈到
"对抗的以及断裂的可调和性"[90]。若没有断裂的否
定性，美就会失去活力变得平滑。阿多诺用矛盾公式
描述审美形式。审美形式的可调和性在于"无法调
和"。它不是没有"分歧"和"矛盾"[91]。其整体性
是被打破的。审美也"因为他者"[92]而中断。破碎
是美的内核。

　　平滑的事物往往被描述成健康。矛盾的是，健康
却散发出某种病态的、没有生命的东西。没有死亡的
否定性，生命会僵化，变得毫无生机，会变得如游魂

般平滑。否定性是激发生命活力的力量。它也构成了美的本质。虚弱、脆弱、破碎中都有美。有了否定性，美才有诱惑力。相反，健康的事物没有诱惑力，它有的是淫秽。美是病："健康的蔓延同时也是一种病。其解药即为意识到疾病的存在，意识到生命自身的局限性。这种能治病的病就是美。美要求生命停一停，这样一来，精力的衰退也会得到延缓。如果为了活着而杜绝疾病，那么，假如把生命比作一个人的话，他会因为盲目逃离一种境遇而刚好闯入了这种具有破坏性的、恶劣的境遇，而他自己却显得放肆又自鸣得意。痛恨这种破坏性境遇的人，必定也将痛恨生命：无法生病的生者就如死了一般。"[93] 如今，将健康、平滑之物绝对化的审美力（Kalokratie）恰恰消除了美。单纯、健康的生命，逐渐变成一种歇斯底里的求生，它在向死亡转变，变成了游魂。所以，今天的我们过于僵死，而无法生活；过于活跃，而无法死去。

美的理想

康德的美学虽然由自淫的主体性决定，但还不是消费美学。康德的主体奉行禁欲主义而不是享受主义。美带来的快乐是无关利害的（interesselos）。审美距离使人驻足于美，陷入沉思。关于美的观念不是用来消费的，而是要发人深思的。虽然康德将美局限在其积极的一面，但是康德的美并不是只知享受的事物。美施展不出诱惑力，充其量只是一种审美形式。然而，如今的审美体系之下，太多的诱惑力被制造出来。在这种诱惑和刺激的洪流中，美正消失殆尽。这股洪流使得与客体之间可供沉思的距离不复存在，并将客体用以消费。

　　康德还认为，美不仅仅是单纯的审美。它延伸到了道德层面。在《献给美的颂歌》一诗中，波德莱尔引康德为证："自然以其美的显相形象地与我们诉说，身处道德感中的我们被赋予解释其密语的能力。"美的道德增值也构成了"美的理想"，康德将它与"美的规范理念（Normalidee）"区分开来。美的规范理念是分类标准。[94] 一个形象（Gestalt）若符合这个类型标准，它看来就是美的；若与其完全偏离，则是丑陋的。不仅仅人类，每个物种都有自己的审美规范理念。这种理念是"类型表现的正确性"，是一种"原型"，各种类根据原型进行繁衍。符合美的规范理念的脸是完全规则、平滑的，没有个性。审美规范理念展现的是整个类型的理念，而不是个人的独特之处。[95] 与审美规范理念不同的是，"美的理想"是人类专有的。它是"掌控人心的道德思想的外在表达"[96]。

　　美的理想因其理性内涵而无法被消费。它不允许"任何感官刺激掺杂在其对客体的愉悦感之中"，"却能吊人胃口，对客体产生巨大兴趣"。对美的理想的判断不仅仅是纯粹的审美和单纯的鉴赏，而且是建立在"鉴赏与理性，也就是美与善一致"[97]的基础上的"知性鉴赏判断"。并不是所有人都具备阐述美和判断美的能力。为此，人们需要想象的力量，以便能够把通过高等教化获得的道德思想形象化。康德以美的理想构思出一种道德之美或美的道德。

从历史上看，美长期以来只在展现道德与品行方面才是重要的。如今，品行美完全被性感取代："在19世纪，中产阶级女性之所以被认为是有魅力的，是因为她们美，而不是因为她们有性的吸引力。美被理解为一种肉体与精神上的特质。……性吸引力本身代表了一种新的无关美和道德品行的评价标准。实际上，在这种标准下，性格与心性最终都要服从于性。"[98]

肉体的性化并不能被片面地理解为解放，因为它与肉体的商业化是同时进行的。美容行业通过使肉体性化和使其具有可消费性对其加以利用。消费和性是相互依存的。基于性欲的自我是消费资本主义的产物。消费文化使美越来越屈从于刺激与激奋的模式。美的理想挣脱了消费性。任何美的增值都这样被消除。美变得平滑，并且屈从于消费行为。

性与道德美或性格美背道而驰。道德、德行或性格具有特殊的时间性。它们以持续性、坚定性以及稳定性为基础。性格本意为烙上的印记、不可磨灭的烙印。不变性是其主要特征。卡尔·施米特（Carl Schmitt）认为，水是无性格的元素，因为水无法被打上印记："人们无法在海洋里……刻入固定的纹线。……性格（Charakter）一词源自希腊词 diarassein，即埋入、刻入、压入，从这个意义来看，海洋是没有性格的。"[99]

坚定性和稳定性不利于消费。消费和持续性也互不相容。加速消费的正是潮流的易变性与易逝性。因此，消费文化将持续的时间缩短。性格与消费是彼此对立的。理想的消费者必定是没有性格的人。性格的缺乏才会让人不加选择地去消费。

　　施米特认为，"真正的敌人不止一个"是"内在
分裂的标志"。性格的坚定性不允许敌人具有双重性。
"为了获得自己的尺度、自己的极限、自己的形态"，
人们必须以"战斗"的意志去对付一种敌人。因此，
敌人作为一种形态就是"我们自己的问题"[100]。同样，
只有一个真正的朋友也是性格坚定的证明。施米特或
许会说：人越没有性格、没有定形，越平滑、圆滑，
就会拥有越多的朋友。脸书（Facebook）就是一个无
性格的市场。

　　卡尔·施米特的作品《大地的法》（*Der Nomos
der Erde*）从赞扬大地开始。他赞扬大地，主要是因为
大地具有坚定性，可以清楚地划分界限、加以区分、
围上围栏。其坚定性也使人们能够建造界石、围墙以
及围墙之上的堡垒要塞："在这里，人类共存的秩序
与定位都变得显而易见。家族、氏族、部落、阶层、
个人所有和邻里关系的不同类型、权力与统治的各种

形式在这里都变得公开可见。"

施米特"大地的法"是我们为了发展数字化早已舍弃的范式。数字化秩序改变了所有存在（Sein）的参数。"个人所有""邻里关系""氏族""部落"和"阶层"都被列入地体（terran）秩序，即大地秩序。数字化网络消除了氏族、部族和相邻关系。共享经济使"个人所有"变得多余，代替它的是访问权限。数字化媒介与无性格的海洋相似，它们都无法被刻入固定的纹线与标记。在数字化海洋中无法建造要塞、门槛、围墙、沟渠以及界石。有坚定性格的人不容易被联系在一起，他们没有合作与交际能力。在网络化、全球化和交际性时代，坚定的个性只会是一种阻碍和弊端。数字化秩序拥护的是一种新的理想——个性全无的人，毫无特征的平滑。

美即真理

　　黑格尔的美学也可以有双重的解读方式。一方面，可以从不识外在、不识灾难的主体内在性角度解读。另一方面，可以从自由与和解的层面来解读。第二种解读方式比第一种更加有趣。如果卸掉黑格尔思想给主体套上的束缚抑或削去主体性的锋芒，那么主体就会把它非常有趣的方面掀开示人。后现代主义对黑格尔的批判完全忽视了这些。

　　黑格尔美学的核心就是"概念"。它将美理想化，并赋予美真理的光芒。美是在感性中体现的概念，抑或"作为概念与概念所代表的现实相统一的理念"[101]。黑格尔的"概念"并不抽象。它是生动的、鲜活的理

念，是通过对现实通彻的理解去塑造现实的理念。它
将现实的各个部分统一成有活力的有机整体。通过概
念塑造而成的整体涵盖了一切。一切蕴含于概念之
中。汇集是美的，这种聚集为一（das Eine）能"召回
上千个分散着的个体，使其凝聚成一种表达或一种形
态"[102]。概念可以聚集、传达、调解。它"不是芸
芸之众（Haufen）"[103]。人和"芸芸之众"都不美。
概念确保整体不会堕落成"芸芸之众"，进而分崩
离析。

后现代主义对黑格尔整体性理念的一种惯常批评
认为，整体作为总体统治着每一个组成部分，并且压
制其多元性和异质性。然而，这种批评并不符合黑格
尔的整体性理念或概念理念。黑格尔的整体性不是统
治的产物（Herrschaftsgebilde），也不是征服和压迫其
组成部分的总体。相反，各组成部分要想获得自由，
得先靠整体为它们开辟运动及行动空间："整体……
就是一体，是将各部分统一起来的一体，但它们都是

自由的。"[104] 整体性是一种联系与调解的角色，是和
谐的统一体，是"默默充当保持各组成部分稳定的配
重"[105]。它具有调解的能力。概念促成了统一，在这
个统一中，"所有特殊和对立并非真正独立或顽固不
化，它们只被视为观念上趋向自发地去协调一致、去
达成和解的一些因素"[106]。总的来说，哲学的任务就
是和解："哲学……进入相互矛盾的定性的核心，根
据其概念对其加以认识，亦即这种片面的定性并非顽
固不化，而是可以被融汇于它的。哲学将其置于和谐
统一之中，这种和谐统一就是真理。"[107] 真理就是和
解。真理就是自由。

概念创造了和谐的整体性。各组成部分不受强制
的组合成为整体所体现的协调性是美的："美的对象
必须包含两方面的内容：一是由概念所设定的特殊方
面具有协调统一的必然性，二是自由性由各组成部分
单独体现，而不是由各部分组成的整体加以体现。"[108]
对美来说最重要的，是处于统一性或整体性之内的各

组成部分自身所保有的自由。

美的客体是指主体会与其达成一种自由关系的对象。只要主体依赖于某一事物，或者想要该事物服从于主体的意志、目的和喜好且遭到该事物的反抗，那么主体在此事物面前就不会是自由的。美感位于理论与实践的中间，并搭建了它们之间的桥梁："主体的有限和不自由，从理论上来看，是由于事物本身的独立性造成的；而从实践中来看，则是因为从外部激发的欲望和热情只是片面的……而且客体的抵抗永远无法完全被消除。"[109] 理论上，主体因为事物的独立性而不自由。实践中，主体也同样不自由，因为它使事物屈从于自己的冲动与情欲，肯定会遭遇事物的抵抗。只有在与客体的审美关系中，主体才是自由的。审美关系也使客体获得自由，得以展现各自的特殊性。自由与随性是艺术客体的特征。审美关系不会在任何方面困扰客体，也不会对其强加任何外在的东西。艺术是自由与和解的实践："艺术兴趣和欲望引

发的实践兴趣之所以不同，是因为艺术兴趣让它的对
象自由独立存在，而欲望却为了自己的利益对其进行
摧毁性的利用；艺术鉴赏则反其道而行之，它通过对
个体生存中的对象怀有兴趣，并且不致力于将其转化
为千篇一律的思想和概念，从而与科学知性的理论思
考相区别。"[110]

　　美是令所有形式的依赖和逼迫都消失的对象。美
纯粹以自身为目的（Selbstzweck），不受外界影响。
这种外界影响会使美"作为有用的执行手段服务于外
在目的，而在实现这种目的的过程中，对象或是不自
由地抵抗，或是被迫接纳外在目的"[111]。美的客体
"既不受我们的压抑，也不受我们的逼迫"。面对美，
即面对"完美实现的概念和目的"，主体自动彻底放
弃对美的兴趣。主体的"欲望"会消退。主体不会试
图为了自己去利用美。它会"打消""对客体的企图，
并将客体看作是独立自在、自为目的的"。让其存在
（Seinlassen），也就是泰然任之，或许就是主体对美

的态度。只有美才能教人无关利害地驻足停留:"因此,以自由的方式对美进行的审视,是对比自身更自由、更无限的事物的容忍,是对服务于有限需求和意图的同一事物的无欲无求……"[112]

面对美,就连主体和客体、自我和对象的区分也不再存在。主体沉思于客体之中,与其统一,与其和解:"与客体关联的自我……也不再只是所关注、感觉、观察之物的抽象……在这一客体之中,自我本身通过主体径自将一直以来在物我之中分裂也因此而抽象的两面,在它们的具体形式中达成统一而变得具体。"[113]

黑格尔的美的感性学是不具有任何消费性的,是讲述真理与自由的美学。不论是"真理",还是"概念",都无法被消费。美以自身为目的。它的光芒只照耀自己,只照耀自己内在的基本需要。它不屈服于任何目的、任何外部的情境(Gebrauchszusammen-hang),因为它是为了自己而存在的。它就存在于自身当中。对于黑格尔来说，没有什么日常用品、消费品以及商品是美的。它们都缺少内在的独立性，即构成美的自由。消费和美是相互排斥的。美不会宣传自己，既不诱惑人享受，也不诱惑人占有。它只是让人驻足沉思，使欲望与兴趣都消失殆尽。因此，艺术与资本主义不兼容，后者让一切都屈从于消费和投机。

真理是与"芸芸之众"对立的角色。真理之众（Wahrheitshaufen）是不存在的。真理可没那么常见。它和美一样都是一种理念，而芸芸之众是无理念可言的。因此，黑格尔认为"巴洛克式的结合"[114]不美，因为它们是各部分没有关联、毫无概念的堆砌，是芸芸之众。尽管各部分不属于同一概念甚至相去甚远，但它们还是会彼此结合。巴洛克缺少成为一体的引力，也就是缺少构成美的概念。

真理降低了熵（Entropie），即噪声级别。如果没有真理，没有概念，现实就会分裂成嘈杂的芸芸之众。美和真理都是孤傲的，并非大众的。自带排他性是真理的特质，真理还是理论的源泉。虽然可以从大数据这样的数据群中剥离出有用的信息，但它们不会产生认知和真理。《连线》杂志主编克里斯·安德森（Chris Anderson）断言的"理论的终结"，即理论完全被数据取代，意味着真理的终结、叙事的终结、精神的终结。数据只是一个一个被叠加在一起，这种相加与叙事是对立的。真理是纵向的，而数据和信息是横向的。

美意味着自由与和解。因为美，欲望和强制都消失不见了。因此，美能够建立一种与世界、与自我的自由关系。黑格尔的美学与今天的主流审美截然相反。新自由主义下的审美力产生了强制。肉毒杆菌、暴食症和整容都反映了这种审美力所带来的恐怖。美首先要产生诱惑力，制造关注度。即使是黑格尔认为不可变卖的艺术，现在也要完全服从于资本的逻辑。艺术的自由从属于资本的自由。

美的政治

在《实用人类学》中，康德将"机智"（Witz，内心素质）理解为"头脑的奢侈品"。人只有在没有困境与基本需求的自由空间里才会产生机智诙谐。因此，它就像自然界中"开花"那般"易如游戏，而花开后要结出果实，则需要像做生意一样认真对待"[115]。花儿之美归功于挣脱了经济束缚的奢侈。它展现出一种自由、随性和无目的的游戏，因此它与劳动和工作是对立的。哪里有强制和需求，哪里就没有游戏的自由空间，而游戏是美的关键。美是奢侈的现象。只被用作改变困境的基本需求则不美。

亚里士多德认为，自由的人是没有生存需求并受其约束的人。自由的人有三种自由的生存方式可供支配。它们与那些只为维持生命的生存方式不同。因此，商人那种求利的生存方式是不自由的："这三种生存方式……相互间是有共同点的，那就是它们都发生在'美'的领域，也就是物资充足的社会之中。这些物资并非必需品，也绝对不是有特定用途之物。"[116] 其中就包括醉心于享受美的事物的生活，包括在城邦中塑造善行的生活，还包括哲学家通过探索永恒而停留于永恒之美的沉思生活。

行动（Handeln）构成了政客的生活（*bios politikos*，即政治生活）。对其而言，是否必要、是否有用的判断无关紧要。劳动与生产都不是政治生活。它们不属于与自由人相称、彰显自由的生存方式，因为它们产生的只是生活的必需品和有用的东西。它们并不是出于自身的意愿而发生的。它们因为不自由、不自主而不美。社会组织是人类共存所必需的，所以不属于真正的政治行为。必要性和有用性都不属于美的范畴。

政治家作为自由的人，必须做出超越生存需求和有用
事物的善行。政治行动意味着开启全新的事物。

任何形式的强制或必需都会剥夺行动的美。那些
不受必要性和有用性约束的事物或行为才是美的。当
自由人的生存方式脱离也即偏离必要性和有用性，就
成了一种奢侈。维持一个团体所需的经费或所进行的
管理，都不是真正的政治行为。

柏拉图和亚里士多德都认为美（即 kalon）不只是
审美感觉。亚里士多德的幸福伦理（eudaimonia）其实
就是美学伦理。正义也是美，所以人们才去力争。柏
拉图认为正义属于最美的一种事物（即 kalliston）。[117]
在《欧德谟伦理学》中，亚里士多德使用了独特的概
念，即 kalokagathia，意为美善合一（das Schöngute）。
这里的善从属于美的范畴，或位居其后。善在美的光
芒中得以实现。美的政治才是理想的政治。

如今，美的政治不可能存在，因为今天的政治完
全屈从于体制性的强制。它几乎没有自由空间。美的

政治是一种自由政治。在别无他选的枷锁中的当今政治，不可能存在真正的政治行为。这样的政治只是在例行公事（arbeiten），并没有真正的行动。政治必须提供另一种选择，真正的选择。否则，政治便会堕落成专政。政客作为体制的傀儡不是亚里士多德所说的自由人，而是奴仆。

英语单词 fair 表现出了多维性。它既有正义的意思，也有美的意思。古高地德语单词 Fagar 也有美的意思。德语单词 fegen 本意为使之光芒四射。Fair 一词的双重含义清楚地表明，美和正义最初是建立在同一种观念基础之上的。人们认为正义就是美。通感（Synästhesie）将正义与美联系在一起。

伊莱恩·斯卡里（Elaine Scarry）在其《论美与正义》（*On Beauty and Being Just*）一书中描写了美的伦理政治含义，并试图获得审美的伦理经验。斯卡里认为，人们对美的感知或美的存在都意味着人们"应该去了解伦理正义（Fairness）"[118]。美的某些特质增强了直觉上的正义感:"到目前为止,我们已经让大家看到美的对象所拥有的特质……在实现正义方面对我们的帮助有多大。"[119] 对称不仅美,也是正义思想的基础。正义的关系必然包括一种对称关系。完全的不对称会带来丑陋的感觉。不公正本身表现为一种极不对称的关系。柏拉图认为,"善"实际上来自对称的美。

斯卡里指出一种美的经验,它使主体失去自恋性(entnarzifizieren),也就是失去内在性。面对美,主体选择离开,将空间留给他者。自我的这种为了他者而不顾一切的退却是一种伦理行为:"西蒙娜·薇依(Simone Weil)认为,美要求我们'放弃自己想象出来的中心地位'……这并不是说,我们不再处于自己世界的中心。我们心甘情愿将脚下之地让给我们面前的事物。"[120] 因为美的存在,主体退居侧位(lateral),它走向一边,而不是向前突出自己。主体变成侧面角色(lateral figure)。为了他者,主体收回了自我。斯

卡里认为，这种面对美而产生的审美经验延伸到了伦
理领域。收回自我对正义至关重要。正义是一种关于
共存（Miteinander）的美的状态。审美的愉悦可以被
转化为伦理："显然，要求每一种关系都要对称的伦理
公正得到了审美公正很大程度上的支持，这种审美
公正使每一个退居侧位（lateralness）的参与者感到愉
悦。"[121]

　　与斯卡里的预期相反，今天的美的经验从根本
上来说是带有自恋性的。它不推崇退居侧位，而是以
自恋的中心性为主导，变得具有消费性。人们在消费
对象面前占有中心地位。这种消费主义态度破坏了他
者的异己性。为了利他，人们本可能会退到一边或
者离开。这种态度摧毁了他者的异己性，即差异性
（Alterität）。

　　性感与公正也是格格不入的。它不接受侧位。如
今，那种会撼动主体中心地位的美的经验是不可能存
在的。美本身变得淫秽，甚至是麻痹的。它失去了一

切超越性、显著性，甚至失去了本可以使美能够超越单纯的审美而与伦理、政治对接的配价（Valenz）。美在完全脱离伦理道德判断力的情况下便会屈服于消费的内在性。

色情戏剧

博托·施特劳斯（Botho Strauß）就自己最终为何离开剧院这个问题回答道："都过去了。舞台上，我曾经想当一个展现情色之人，然而，不管是在审美上还是在用字上，如今的戏剧都被色情表演者主导。我感兴趣的是穿插其间的情色的情节和变换，然而今天，情色的穿插和变换不见了，展现出的只有淫秽的一面……" [122] 情色艺术家与色情表演者的不同之处在于前者是非直接的、委婉的。它喜欢情景距离。它满足于含沙射影，而不是直接将事情公示于人。情色演员不是色情秀表演者。情色是暗示性的，而不是煽情性的。在这方面，它与色情不同。色情的时间模式直奔主题。犹豫、减缓和分心是情色的时间模式。指示，即直接指向事情，是带有色情性的。色情要避免婉转。它直截了当奔向主题。情色这种符号却是迂回婉转，不使自身暴露在外。表白性戏剧（Offenbarungstheater）是带有色情性的。本质上，不可揭露的秘密才是情色的。在这点上，它们不同于被隐藏、隐瞒的信息，因为这些信息是可以被公之于众的。色情的恰恰是这种直至赤裸甚至透明的逐步揭露。

色情戏剧缺少对话性。施特劳斯认为，这是"个人的精神病行为"。对话的能力、面对他者去倾听的能力如今全面消失殆尽。今天的自恋主体只在自身的影子里感知一切。它无法去理解具有异己性的他者。对话并不是为了相互揭露。坦白和揭示都不属于情色艺术。

博托·施特劳斯在给女演员尤塔·兰佩（Jutta Lampe）的颂词中写道："若上一秒我们听到的还是如吟唱般清脆的少女之声，那么下一秒，音程突然下跌，声音随之变得低沉，它变得带有喉音、几近刺耳，时而还会无比粗俗。这种音区的快速切换不是耍花腔，而是牢固的对话联系，这是一种想和他者在一起，想了解他者的强烈意愿。"[123] 对话联系不牢是当今社会的特点。当对话从舞台上消失时，就会出现情感体验式戏剧（Affekt-Theater）。情感不需要对话结构。情感具有否定他者的特性。

感觉（Gefühl）是可叙述的。情绪（Emotion）是一时冲动引起的。情绪和情感（Affekt）都不能展开可供叙事的空间。情感体验式戏剧不会去讲述什么，而是一股脑地将情绪宣泄在舞台上。这就是其色情性之所在。感觉与情绪和情感相比有不同的时间性。感觉具有持续性，有叙述长度。情绪比感觉更仓促。情感则局限于某一片刻。唯有感觉可以实现对话，可以接近他者。因此才会有共感（Mitgefühl）一词，却没有共同情绪（Mit-Emotion）或共同情感（Mit-Affekt）这样的词。情感和情绪都是单一的、独白式的主体表达。

今天的隐私社会渐渐消除了客观的表演形式和表演空间。在这些形式和空间里，人们似乎可以逃离自我，逃离自己的内心。隐私与表演距离、与戏剧性的事物是对立的。对表演来说，至关重要的是客观的形式，而不是主观的、心理的状态。严肃的表演或程式减轻了灵魂的负担。这种严肃的表演让灵魂不可能带有色情："灵魂中不会出现怪异、自私和歇斯底里。优雅与严肃的表演中没有情感的跋扈、灵魂的裸露以及精神的错乱。"演员，也就是充满激情的表演者放弃了内心、主观及内在，变成了无名之人："你得成为无名之人（Nemo），否则不会是个伟大的演员。"无名之人是没有灵魂可以揭露的。施特劳斯反对色情的灵魂裸露主义，反对精神错乱的种种，他期待无名之人的自我超越，即人们离开自我走向他者，并受他者引诱。情色戏剧则为这种引诱和对他者的幻想提供了舞台。

停留于美

浮士德的恳求——"停留一会罢！你太美了"，掩盖了美很重要的一点，实际上是美邀人停留。正是这种执意让美留下来的欲念（Wollen），阻碍了让人沉思的停留。看到美，欲念会退去。美的这种发人沉思的一面也是叔本华艺术观的核心，他认为"审美所带来的愉悦很大一部分在于，当踏入纯粹沉思状态时，我们会消除所有的意志，即一切愿望与忧虑，就仿佛失去了自我一般"[124]。美使我脱离自身，自我深陷于美之中。在美面前，我不再是我。

让时间消逝的是欲念、兴趣，还有企图（Streben, *conatus*）。沉思着陷入美之中，欲念即退去，自我亦

退去，于是出现了时间仿佛已经静止的状态。欲念与
兴趣的缺失让时间停止。这种静止将审美观念与简单
的感官感知区分开来。因为美，人们才想去"看"。
"看"不再被驱赶、被拉扯。想要去看，于美而言至
关重要。

停留（Verweilen）征服了时间，它的"当下即永
恒"的规则也适用于他者："永恒是他者的当下。在
相同事物间停留，永恒就会如一束光闪亮，将他者通
身照耀。如果这永恒曾经在哲学文献中被提起的话，
那就是斯宾诺莎（Spinoza）那句'精神只有从永恒的
角度理解事物才会永恒'。"[125] 因此，艺术的任务就
是去拯救他者。拯救美就是拯救他者。艺术"通过反
对将他者固定在其固有状态（Vorhandenheit）"[126] 来
拯救他者。美作为完全他者消除了时间的威力。今天，
美的危机恰恰在于，美被囿于它的固有状态之下，变
得只存在于其使用性和消费性之中。消费摧毁了他者。
艺术美是对消费的反抗。

尼采认为，艺术本是指节日的艺术。艺术作品是
对某种文化中高光时刻的物化见证，那些高光时刻独
立于不断流逝的寻常时间之外："如果我们丢失了那
种高级艺术，即节日的艺术，我们的作品所呈现出的
那些艺术会变成什么样呢！所有的艺术作品都曾为了
纪念崇高而极乐的时刻，如纪念碑一般屹立在人类的
节日庆典大道上。现在，人们打算用艺术作品将那些
可怜的筋疲力尽或病魔缠身的人从人类苦难的大道上
吸引过来，去享受那片刻的放浪；他们得到机会可以
短暂的陶醉与疯狂。"[127] 艺术作品是对庆典（Hochzeit）
的纪念，即对不受寻常时间干扰的"欢庆时间"
（Hoch-Zeit）的纪念。节日作为欢庆时刻使作为普通工
作时间的日常时间停滞。欢庆时刻里闪耀着永恒之光。
若以"苦难大道"取代"节日庆典大道"，那么欢庆
时刻便会堕落成轻微迷醉的片刻。

不论是节日，还是庆祝活动，它们都有宗教渊
源。拉丁语 *feriae* 的意思是用于宗教祭礼活动的时间。

Fanum 指的是神圣的、供奉神灵的地方。世俗的（pro-
fan，字面的意思为"位于圣区前的"）日常时间停下
来的时候便是节日开始的时候。开幕仪式标志着节日
的开始，它引领人们进入节日的欢庆时刻。若是取消
那将圣地和俗世隔离开的门槛、过道和那个开幕仪
式，剩下的就只有用来工作的易逝的日常时间了。如
今，由于所有的时间都是工作时间，欢庆时刻彻底消
失了。即便休息时间也被纳入工作时间。休息只是工
作时间的短暂中断，让人缓解劳动的疲乏，以便可以
再次全身心投入到工作中去。休息时间不是工作时间
的他者，因此它不能提高时间的质量。

　　伽达默尔在《美的现实性》（*Die Aktualität des
Schönen*）中将艺术与节日联系起来。他先是指出了
语言的特征，人们对节日搭配的动词是"过"（bege-
hen）。[1]"过"显示出节日特殊的时间性："'过'这一

1　德语 gehen 是走的意思，begehen 是在走的基础上加上了前缀 be，具有
　　庆祝的意思。

动词明显地消除了对目的地的设想。'过'就是说，人们不用出发便可抵达目的地。人们在过节日的时候，节日从开始到结束一直都在那里。节日的时间是被'度过'的时间，而不是各自脱节、将散落的时刻拼凑在一起的时段。"[128] 节日体现了另一种时间。在节日里，时间不再如那些一个接一个短暂易逝的时刻般流逝，也没有必须前往的目的地。让时间流逝的恰恰是人们"前往"的过程。对节日的"度过"能使时间不再流逝。节日，即隆重的欢庆时刻，蕴含着某种永恒的东西。艺术和节日之间存在着相似性："用时间体验艺术的本质是让我们学会停留。这可能就是我们称之为永恒的东西。"[129]

艺术品在被展示出来的瞬间就失去了它们的祭礼价值，取而代之的是展示价值。艺术品没有屹立在节日庆典的大道旁，而是陈列在博物馆中。展览不是节日，而是一场哗众取宠。博物馆是艺术品的陈尸所。在这里，事物只有被看到、能吸引眼球，才有价值。

祭礼之物则往往处于遮蔽之中。这种遮蔽性甚至提升
了它们的祭礼价值。祭礼与关注度并无关联。关注度
的绝对化摧毁了祭礼的神圣性。

今天，艺术品主要在市场和交易所被买卖。它们
既没有祭礼价值，也没有展示价值。正是这种纯粹的
被操控的价值使他们臣服在资本脚下。今天，交易价
值被证明是最高的价值。交易所就是当今的神庙。纯
粹的收益取代了救赎。

回忆之美

　　瓦尔特·本雅明将回忆盛赞为人类生存的本质。"已被内在化的此在之一切力量"都来自回忆。回忆还是美的本质。没有回忆，即使美"绽放"正浓，也是"空洞"的。对美而言，至关重要的不是正在闪光的现在，而是可供持久回忆的曾在（Gewesenheit）。因此，本雅明引用柏拉图的话说："柏拉图《斐德罗篇》里的话证明了一点，'刚刚从圣职授予典礼归来、目睹天堂诸事的人，当他看到化身为美的神的容貌或身形时，首先便会回想起从前经历过的窘境，虽然那么狼狈不堪，却还是径直向它走去。他认清了美的本质，把它当神一样去崇拜，因为随着回忆上升为美的理念，它就会和深思一同位列圣地之上'。"[130] 人们因为美的形象而回忆起曾在者（das Gewesene）。美的经验对柏拉图来说就是曾在者的重现，即一种重新认识。

作为回忆，美的经验没有了受完全不同的时间性主导的消费性。被消费的，永远是新事物，而不是曾在者。"重新认识"对消费来说可能是完全有害的。消费的时间性不是曾在性。回忆和持久同消费是格格不入的。消费依靠的是支离破碎的时间。消费最大程度地破坏了持久性。信息的泛滥、令人眼花缭乱的快速切换使人无法停留片刻去回忆。数码图片不能持久拴住人的注意力。它们很快就会失去视觉上的吸引力，人们对它们的印象也会逐渐转淡。

对于马塞尔·普鲁斯特来说，体验的持久性是他经历的关键之处，就好比品尝浸润在椴花茶中的玛德琳娜蛋糕那经久不去的美味一样。这是一种在回忆中发生的故事。一"小滴"茶可以扩展成为一座"宏伟的回忆大厦"。普鲁斯特获得的是"一小份纯粹的时间"。这份时间凝结成散发着芬芳的水晶,一个"充满香味的容器",它把普鲁斯特从时间的倏忽中解救出来:"一种微妙的幸福感穿过我的全身,一种不为什么而存在的幸福感,我不知其从何而来。那一刻,生命的无常于我而言突然静如止水,人生的灾难也不过是无伤的逆流,生命的短暂也只是一种幻觉;我身上被触发了只有爱才能带来的体会,我感觉自己被美好的东西所充实:或许,这美好并非处于我的内心,我就是这美好本身。现在,我不再感到平庸、命运无常、年华易逝。"[131]

普鲁斯特的叙事是一种时间的实践,它在包括艺术在内的一切领域都那么"简单粗暴"的"匆忙时代"的鼎盛期创造了持久性。匆忙时代反对"事物如电影般被放映"[132],反对电影时间,因为那是当下时间点的快速切换。使人幸福的持久性经验源于过去和现在的融合。当下因回忆而感动、振奋,甚至被回忆催发:

"这一缘由是我在将那些令人愉悦的印象进行比较的时候猜测出来的——它们的共同之处在于：回忆时，我同时在当下和过去的时间点上体验着它们，直到过去最终吞噬现在，使我自己也不确定我究竟处于现在还是过去……"[133]

美不是事物在当下直接呈现出来的。美的本质是长久以来发生的事情、产生的想法之间的神秘关联。普鲁斯特认为，生活本身就是一张关系网，"它在事件之间不停地……编织新的线索"，"为了使这些线索更加结实，它还加倍地编织丝线。如此一来，在过去的细枝末节和所有其他事物之间，我们只能选择这张四处弥漫的回忆之网所提供的连接路径"[134]。美就出现在事物相遇并建立关系的地方。美是讲述着的。它是具有叙事性的事件，就如同真理那样："……只有在作家选取两个不同的物体，确定它们之间的关系……并将它们圈定在某种美的风格之内的那一刻，真理才开始显现；甚至真理只显现在作家如同生活那样，指明两种感受的共性，并通过将二者统一在一个隐喻之中，使之摆脱时间的偶然性，同时使用不可言表的遣词造句将二者捆绑在一起，进而释放出本质的那一刻。"[135]

将事物彼此联系的"物联网"（Internet der Dinge）没有叙述性。用于信息交换的交流讲述不出任何东西。这种交流只是信息的叠加而已。美指的是那些具有叙事性的关联。如今，叠加取代了叙事。信息串联逐渐取代了叙事关系。信息的叠加并不能形成叙事关系。隐喻才是叙事关系，使我们可以就事物或事件进行交流。

作家的工作就是去隐喻世间万物，也就是去诗化世界。作家诗性地看问题的方式发现了事物间隐藏的关联。美是一种关于关系的事件，具有特殊的时间性。它不能被立即享受到，因为一件事情的美要很久以后才会作为一种回忆借着另一种事物的光亮显现。美是由闪着磷火的历史沉淀而成的。

美是一个优柔寡断者、一个迟到者。美不是瞬间的光芒，而是沉静的余晖。美的高贵正体现在这自持之中。直接的诱惑和刺激会阻碍人们对美的理解。事物隐藏的美、散发芬芳的本质只能事后间接得以展露。漫长与缓慢是美的姿态。通过直接接触是不会遇到美的。美只在重逢与重识中发生："美是慢箭。——最高贵的美不会一下子把人吸引住，它不会实施令人醉倒的猛烈攻势（这种美容易引起反感）。相反，它渐渐渗透，人几乎不知不觉地被它带走，并一度在梦中与它重逢……"[136]

在美中生育

一阵隆隆声：那是真理

它已自行步入人群之中，

就在那

隐喻的暴风雪中央。

——保罗·策兰

柏拉图在《会饮篇》中提出了"审美阶梯说"。热衷于美的人并不满足于看到美的身体。他们爬上阶梯，越过惯常的美到达美本身。然而，对美的身体的偏爱并未受到谴责。相反，这种偏爱作为上升并到达美本身的重要过程，实则是一种必要的开始。

柏拉图审美理论的特别之处在于，人面对美所表现出的，不是被动和具有消费性的，而是主动和具有创造性的。面对美的东西，灵魂会受到驱动，自行去创造美。当看到美的时候，爱神厄洛斯（Eros）便会唤醒灵魂中的生殖力。因此，爱神厄洛斯说要"在美中生育"（*tokos en kalô*）。[1]

爱神厄洛斯因为美而不朽。它生育出的"不朽的孩子"里，不仅有诗歌或哲学作品（*erga*），也有政治作品。因此，柏拉图既称赞荷马或赫西俄德这样的诗人的作品，也赞扬梭伦（Solon）或吕库古（Lykurg）这些统治者的作品。美的法则是爱神厄洛斯的作品。爱欲者不仅可以是哲学家或诗人，也可以是政治家。美的政治行为和哲学作品一样要归功于爱神厄洛斯。源自爱欲的政治即美的政治。

1　这里的生育不仅是指身体上的繁殖，更是指灵魂上的继承。

厄洛斯作为神[1]赋予思想一种庄严性。苏格拉底从女巫狄奥提玛（Diotima）那里听到不被知晓（episteme）和谈论（logos）的"厄洛斯的秘密"。海德格尔也是一位爱欲者。正是厄洛斯激发和引导了思考："我称其为厄洛斯（爱神），按巴门尼德的话说，他是众神中最古老的神。每当我在思想上要迈出实质性的一步时，每当我要涉足未知的领域时，爱神厄洛斯翅膀的拍击都深深地触动着我。"[137]如果没有厄洛斯，思考就"仅仅是项工作"。与厄洛斯对立的工作亵渎了思考，并使思考失去魅力。

海德格尔所确定的美不是审美意义上的，而是存在论意义上的美，他是位柏拉图主义者。海德格尔认为，美是"存在的诗意化名称"[138]。厄洛斯也是一种存在："存在无非被理解为对存在的追求，或者，如希腊人所说，被理解为爱欲。"[139]美被赋予了存在

---

1   介于会死的凡人和不死的神灵之间。

论的庄严性。"存在论中的差异论"将存在与存在者
区分开来。存在者是一切已经存在的东西，其意义在
于存在。存在不是存在者形成的原因，而是意义与理
解的视域，在这一视域的光亮中才有可能理解何为存
在者。

海德格尔将美明确理解为一种超越审美愉悦的真
理现象："真理是存在的真理。美不与存在的真理并
肩出现。当真理置入作品时，存在的真理才会出现。
作品中真理的存在形式亦即作品，所呈现出的才是
美。因此，美就是自行发生的真理。美不仅与趣味相
关，也不只是趣味的对象。"[140] 真理作为存在的真理
是一种赋予存在者意义与含义的生发（Geschehen）、
事件（Ereignis）。因此，一种新的真理将存在者置
于完全不同的光亮之中，并且改变了我们与世界的关
系，改变了我们对现实的理解。它让一切都显得不一
样。真理的事件重新定义了什么是真实的。它产生了
另一种实在（Ist）。作品是接收和体现真理事件的地

方。爱欲是与美、与真理的表象紧密相连的。这将爱
欲和喜欢（Gefallen）区别开来。海德格尔或许会说，
被喜欢、点赞所主导的时代是抛弃了爱欲、失去了美
的时代。

美作为真理事件具有生成性、创造性，甚至诗
性。美供人欣赏，这种给予就是美。美指的不是作为
产物的作品，而是指真理的耀现，美也超越了无关利
益的快感。需要强调的是，审美是无法接触到美的。
美作为真理的耀现，因为隐藏于现象之后而不可见。
柏拉图也认为有必要在某种程度上忽略美的形态，这
样才能看到美本身。

今天，美的庄严性已被抽空。美不再是真理事件，
不再有存在论上的差异，也不再受爱神的保护，可以
免遭消费性的侵害。它仅仅是一个存在者，理所当然
地呈现着自己，表明自己在场，只被视为讨人喜欢的
东西。"在美中生育"的渴望不复存在，取而代之的
是作为产物，即供以消费和审美愉悦所用的美。

　　美是一种约束力。它促成了持久性。柏拉图认为
"美本身"是永恒的（*aei on*）[141]，这并非偶然。美
作为"存在的诗意化名称"绝不是只会讨人喜欢的
玩意儿。它是一种约束、规范，直截了当地说就是一
种标准。厄洛斯是指对约束的追求。巴迪欧（Alain
Badiou）或许将其称为"忠诚"。他在《爱之颂》中
写道："然而人们总说：我会从一个巧合之中幻化出
别的东西。我会让它变成持久、坚持、责任和忠诚。
我将忠诚这个词从日常语境中分离出来，在这里作哲
学术语使用。它所描述的，便是从偶然的相遇到形成
坚固到仿佛无法被破坏的结构的过渡。"[142]

　　忠诚与约束相互依存。约束需要忠诚，忠诚以约
束为前提。忠诚是绝对的，体现了形而上和超越。日
常的审美化程度不断提高，恰恰使美的经验无法变成
约束的经验。这种审美化只能产生短时间内讨人喜欢
的事物。易变性的加剧不仅影响了金融市场，它已然
波及整个社会。没有什么是固定和持久的。鉴于这种

极端的偶然性，对超越日常的约束的渴望觉醒了。今
天，我们正处于美的危机之中，美被磨平，变成了被
喜欢、被点赞的对象，成了随意和舒适的代名词。美
的救赎就是对约束的救赎。

注　释

[1] G. W. F. Hegel, *Vorlesungenüber die Ästhetik 1*, in: *Ders.,Werke in zwanzig Bänden*, hrsg. von E. Moldenhauer u. a., Frankfurt am Main 1970, Bd. 13, S. 61.

[2] Ebd.

[3] Roland Barthes, *Mythen des Alltags*, Frankfurt am Main 2010, S. 196f. Hervorhebung von B. Han.

[4] Ebd., S. 198.

[5] Christian Gampert, *Deutschlandfunk, Kultur heute*, Beitrag vom 14.5.2012.

[6] Jeff Koons über Vertrauen, Süddeutsche Zeitung vom 17.5.2010.

[7] Hans-Georg Gadamer, *Aktualität des Schönen. Kunst als Spiel, Symbol und Fest*, in: *Ders., Gesammelte Werke*, Ästhetik und Poetik I: *Kunst als Aussage*, Bd. 8, Tübingen 1993, S. 94 –142, hier: S. 125.

[8] 参见：Wolfgang Welsch, *Ästhetisches Denken*, Stuttgart 2010, S. 9ff. 韦尔施是从"反审美"而不是从"麻醉"的意义上理解

Anästhesierung 及 Anästhetik 概念的，他试图从反审美中找到积极的方面。

[9] Roland Barthes, *Die Lust am Text*, Frankfurt am Main 1982, S. 16f.

[10] Jean Baudrillard, *Das Andere selbst*, Wien 1994, S. 27.

[11] Georges Bataille, *Die Erotik*, München 1994, S. 140f.

[12] Winfried Menninghaus, Ekel. *Theorie und Geschichte einer starken Empfindung*, Frankfurt am Main 1999, S. 7.

[13] Karl Rosenkranz, *Ästhetik des Häßlichen*, Darmstadt 1979, S. 312f.

[14] Robert Pfaller, *Das schmutzige Heilige und die reine Vernunft. Symptome der Gegenwartskultur*, Frankfurt am Main 2008, S. 11.

[15] Jean Baudrillard, *Das Andere selbst*, Wien 1987, S. 35.

[16] Walter Benjamin, *Das Kunstwerk im Zeitalter seiner technischen Reproduzierbarkeit*, Frankfurt am Main 1963, S. 36.

[17] Barthes, *Die helle Kammer*, Frankfurt am Main 1989, S. 124.

[18] Platon, Gastmahl, 210e.

[19] Ebd., 211e.

[20] Platon, *Phaidros*, 244a.

[21] Edmund Burke, *Philosophische Untersuchung über den Ursprung unserer Ideen vom Erhabenen und Schönen*, Hamburg 1989, S. 193f.

[22] Ebd., S. 160.

[23] Ebd., S. 192.

[24] Ebd., S. 154.

[25] Ebd.

[26] Ebd., S. 155f.

[27] Ebd., S. 194.

[28] Ebd., S. 67.

[29] Ebd., S. 176.

[30] Theodor W. Adorno, *Ästhetische Theorie*, *Gesammelte Schriften*, hrsg. von R. Tiedemann, Bd. 7, Frankfurt am Main 1970, S. 77.

[31] Immanuel Kant, *Kritik der Urteilskraft*, in: *Ders., Werke in zehn Bänden*, hrsg. von W. Weischedel, Darmstadt 1957, S. 330.

[32] Zum Beispiel: Wolfgang Welsch, *Ästhetisches Denken*, Stuttgart 2003.

[33] Adorno, *Ästhetische Theorie*, a. a. O., S. 410.

[34] Ebd.

[35] Ebd., S. 364.

[36] Ebd., S. 108.

[37] Ebd., S. 115.

[38] Ebd., S. 111.

[39] Ebd., S. 115.

[40] Ebd.

[41] Ebd., S. 114.

[42] Ebd., S. 115.

[43] Ebd., S. 113.

[44] Ebd., S. 114.

[45] Ebd., S. 115.

[46] Ebd., S. 114.

[47] Barthes, *Die helle Kammer*, a. a. O., S. 51.

[48] Ebd.

[49] Walter Benjamin, *Goethes Wahlverwandtschaften*, in: Ders., *Gesammelte Schriften*, Bd. 1.1., hrsg. von R. Tiedemann u. a., Frankfurt am Main 1991, S. 197.

[50] Ebd., S. 195.

[51] Augustinus, Ausgewählte Schriften, Bd. 8, *Ausgewählte praktische Schriften homiletischen und katechetischen Inhalts*, München 1925, S. 175.

[52] Gershom Scholem, *Zur Kabbala und ihrer Symbolik*, Frankfurt am Main 1973, S. 77f.

[53] Ebd., S. 78.

[54] Ebd., S. 78f.

[55] Roland Barthes, *Die Lust am Text*, Frankfurt am Main 2010, S. 18.

[56] Ebd., S. 19.

[57] Ebd.

[58] Jean Baudrillard, *Transparenz des Bösen*, Berlin 1992, S. 191.

[59] Jean Baudrillard, *Die fatalen Strategien*, München 1991, S. 120.

[60] Ebd., S. 130.

[61] Roland Barthes, *Fragmente einer Sprache der Liebe*, Frankfurt am Main 1988, S. 124.

[62] Jacques Derrida, *Was ist Dichtung?*, Berlin 1990, S. 10.

[63] Martin Heidegger, *Parmenides*, in: Ders., *Gesamtausgabe*, Bd. 54, Frankfurt am Main 1982, S. 249.

[64] Barthes, *Die helle Kammer*, a. a. O., S. 36.

[65] Ebd., S. 60.

[66] Ebd., S. 37.

[67] Ebd., S. 59.

[68] Ebd., S. 68.

[69] Ebd., S. 51.

[70] Ebd., S. 60.

[71] Ebd., S. 60f.

[72] Ebd., S. 51.

[73] Ebd., S. 65f.

[74] Ebd., S. 65.

[75] Ebd.

[76] Ebd.

[77] Ebd., S. 62.

[78] Immanuel Kant, *Kritik der praktischen Vernunft*, a. a. O., S. 300.

[79] Hegel, *Vorlesungen über die Ästhetik 1*, a. a. O., S. 203f.

[80] Ebd.

[81] Maurice Blanchot, *Die Schrift des Desasters*, München 2005, S. 147.

[82] Ebd., S. 12.

[83] Ebd., S. 67.

[84] Ebd., S. 176.

[85] Maurice Blanchot, *[... absolute Leere des Himmels ...]*, in: *Die andere Urszene*, hrsg. von M. Coelen und F. Ensslin, Berlin 2008, S. 19.

[86] Adorno, *Ästhetische Theorie*, a. a. O., S. 82.

[87] Ebd., S. 83

[88] Ebd., S. 84.

[89] Ebd., S. 114.

[90] Ebd., S. 213.

[91] Ebd., S. 216.

[92] Ebd., S. 216.

[93] Theodor W. Adorno, *Minima Moralia. Reflexionen aus dem beschädigten Leben*, in: *Ders., Gesammelte Schriften*, a. a. O., Bd. 4, Frankfurt am Main 1980, S. 87. Hervorhebung von B. Han.

[94] Kant, *Kritik der Urteilskraft*, a. a. O., S. 234: 如果现在用类似的方式为这位"平均人"挑选出平均的脑袋、鼻子以及别的身体部位，那么呈现在我们面前的便是一个美人的规范理念……

[95] Ebd., S. 317.

[96] Ebd., S. 318.

[97] Ebd., S. 312

[98] Eva Illouz, *Warum Liebe weh tut. Eine soziologische Erklärung*, Berlin 2011, S. 83.

[99] Carl Schmitt, *Nomos der Erde*, Berlin 1950, S. 13f.

[100] Carl Schmitt, *Theorie des Partisanen. Zwischenbemerkung zum Begriff des Politischen*, Berlin 1963, S. 87f.

[101] Hegel, *Vorlesungen über die Ästhetik 1*, a. a. O., S. 157.

[102] Ebd., S. 201.

[103] G. W. F. Hegel, *Grundlinien der Philosophie des Rechts*, in: *Ders., Werke in zwanzig Bänden*, a. a. O., Bd. 7, S. 439.

[104] G. W. F. Hegel, *Enzyklopädie der philosophischen Wissenschaften II*, in: *Ders., Werke in zwanzig Bänden*, a. a. O., Bd. 9, S. 368.

[105] G. W. F. Hegel, *Phänomenologie des Geistes*, in: *Ders., Werke in zwanzig Bänden*, a. a. O., Bd. 3, S. 340.

[106] Hegel, *Vorlesungen über die Ästhetik 1*, a. a. O., S. 138.

[107] Ebd.

[108] Ebd., S. 156

[109] Ebd., S. 154.

[110] Ebd., S. 60.

[111] Ebd., S. 155.

[112] Ebd., S. 155f.

[113] Ebd., S. 155.

[114] G. W. F. Hegel, *Enzyklopädie der philosophischen Wissenschaften I*, in: *Ders., Werke in zwanzig Bänden*, a. a. O., Bd. 8, S. 12.

[115] Immanuel Kant, *Anthropologie in pragmatischer Hinsicht*, Akademie-Ausgabe, Bd. 7, S. 201.

[116] Hannah Arendt, *Vita activa oder Vom tätigen Leben*, München 1981, S. 23.

[117] Platon, *Politeia*, 358a.

[118] Elaine Scarry, *On Beauty and Being Just*, Princeton 1999, S. 93.

[119] Ebd., S. 108.

[120] Ebd., S. 111f.

[121] Ebd., S. 114.

[122] Am Rande. *Wo sonst, ein ZEIT-Gespräch mit Botho Strauß*, ZEIT vom 14.9.2007.

[123] *Noch nie einen Menschen von innen gesehen?*, FAZ vom 17.5.2010.

[124] Arthur Schopenhauer, *Die Welt als Wille und Vorstellung*, in *Ders., Sämtliche Werke*, hrsg. von W. Frhr. von Löhn eysen, Frankfurt am Main 1986, Band 1, S. 530.

[125] Michael Theunissen, *Negative Theologie der Zeit*, Frankfurt am Main 1991, S. 295.

[126] Ebd.

[127] Friedrich Nietzsche, *Die fröhliche Wissenschaft*, in: *Ders., Kritische Gesamtausgabe*, Bd. V2, Berlin 1973, S. 122.

[128] Hans-Georg Gadamer, *Die Aktualität des Schönen. Kunst als Spiel, Symbol und Fest*, Stuttgart 1977, S. 54.

[129] Ebd., S. 60.

[130] Walter Benjamin, *Goethes Wahlverwandtschaften*, in: *Ders., Gesammelte Schriften*, I.1, Frankfurt am Main 1991, S. 123 – 201, hier: S. 178.

[131] Marcel Proust, *In Swanns Welt*, übersetzt von E. Rechel-Mertens, Frankfurt am Main 1997, S. 63f.

[132] Marcel Proust, *Die wiedergefundene Zeit*, übersetzt von E. Rechel-Mertens, Frankfurt am Main 1984, S. 279.

[133] Ebd., S. 263.

[134] Ebd., S. 483.

[135] Ebd., S. 289.

[136] Friedrich Nietzsche, *Menschliches, Allzumenschliches I*, in: *Ders., Kritische Gesamtausgabe*, Bd. IV2, Berlin 1967, S. 145.

[137] *Briefe Martin Heideggers an seine Frau Elfriede 1915 – 1970*, München 2005, S. 264.

[138] Martin Heidegger, *Zu Hölderlin. Griechenlandreisen*, in: *Ders., Gesamtausgabe*, Bd. 75, Frankfurt am Main 2000, S. 29.

[139] Martin Heidegger, *Vom Wesen der Wahrheit. Zu Platons Höhlengleichnis und Theätet*, in: *Ders., Gesamtausgabe*, Bd. 34, Frankfurt am Main 1997, S. 238.

[140] Martin Heidegger, *Der Ursprung des Kunstwerkes, mit einer Einleitung von Hans-Georg Gadamer*, Stuttgart 1986, S. 67.

[141] Platon, *Symposion*, 211b.

[142] Alain Badiou, *Lob der Liebe*, Wien 2011, S. 43.